러블리니터의
손뜨개 동물인형

러블리니터의 손뜨개 동물인형

지은이 최현진
펴낸이 정규도
펴낸곳 황금시간

초판 1쇄 발행 2023년 9월 12일
초판 2쇄 발행 2023년 10월 20일

편집 권명희
디자인 스튜디오진진
사진 이현구, 최현진
도안 일러스트 정영경

황금시간
Golden Time

주소 경기도 파주시 문발로 211
전화 (02)736-2031(내선 291~298)
팩스 (02)732-2037
인스타그램 @goldentimebook

출판등록 제406-2007-00002호
공급처 (주)다락원
구입문의 전화 (02)736-2031(내선 250~252) **팩스** (02)732-2037

ISBN 979-11-91602-43-2 13590

러블리니터의
손뜨개 동물인형

최현진 지음

LOVELYKNITTER

KNITTED
ANIMAL TOYS

and
Clothes & Accessories

황금
시간

Prologue

좋아하는 일에 마음과 정성을 쏟고 오랫동안 꾸준히 해오다보니 어느새
고갯마루에 다다른 느낌입니다. 뒤돌아보니 오솔길이지만 신나게 걸어온
발자국이 보이네요. 다른 뜨개작가 선생님들과 『니트로 스타일링하는
사계절 인형옷』을 내면서 처음으로 책 만드는 일에 참여할 수 있었고,
이번에는 제가 만든 동물인형들을 이 책에 담아 독자 여러분을 만나게
됐습니다. 감사하고 설레는 만큼 어깨가 무겁기도 합니다.

책을 준비하면서 '러블리니터'만의 스타일은 무엇일까 생각해 보았어요.
8년 전으로 돌아가 2015년의 첫 '창작인형 전시회'도 떠올려보고 그동안
만들어온 작품들도 일일이 살펴보았습니다. 작품을 세상에 처음 선보인
전시회의 기쁨과 행복은 더없이 컸지만 이후 시행착오와 실수도 참 많았던
것 같아요. 시간과 경험을 차곡차곡 쌓으면서, 저는 회화가 아닌 영상처럼,
제 상상 속에서 걷고 뛰놀고 춤추는 인형, 사랑스런 이야기가 떠오르는 작고
귀여운 동물인형들을 저만의 작품 바구니에 담아오고 있었습니다.
그리고 이 인형들 덕분에 저도 행복한 러블리니터일 수 있었어요.

이 책은 주요 연결 부위에 조인트를 넣어 목과 팔 다리 등을 움직일 수 있는, 그래서 더욱 재밌는 인형놀이가 가능한 귀여운 동물인형들을 소개하고 만드는 법을 안내합니다. 또한 인형들을 위한 옷과 소품 등 아기자기한 아이템들도 다양하게 다루고 있어요. 모헤어실과 얇은 바늘로 뜨는 작은 인형이어서 뜨고 조립하는 데 익숙해지기까지 시간이 필요할 수 있지만, 손뜨개와 인형을 좋아하는 사람이라면 누구나 만들 수 있도록 쉽고 세세하게 가이드하고자 노력했습니다. 책에 꼼꼼히 설명하고, 그래도 더 자세히 보여드리고 싶은 내용은 큐알코드로 연결하는 포인트 레슨 동영상을 준비해 이해를 돕고자 했습니다. 그러니, 주저하지 말고 도전해주시겠어요? 독자 여러분과 같이 인형을 만들고, 우리가 만든 인형들의 세계관 속에서 함께 춤추고 뛰놀고 싶습니다.

언제나 힘이 되어주시는 공은경 선생님, 저를 늘 응원하고 지지해주는 가족과 니팅걸스데이, 꼬꼬꿀꿀, 꼬매기멤버, 친구들께 감사드립니다. 멋진 책을 완성해주신 황금시간 출판사와 편집자님, 정영경 선생님, 이 책을 읽어주시는 독자님들, 그리고 제 작품을 좋아해주는 모든 분들께 감사 인사를 전합니다. 언제나 든든하게 의지가 되어주는 사랑하는 남편에게 제일 고맙다고 말하고 싶습니다.

러블리니터 최현진

CONTENTS

PART 1
How to make
만드는 방법

PART 2
Basics and Techniques
기초와 기법

PART 1

How to make
만드는 방법

곰돌이

테디베어의 역사와 인기에서 알 수 있듯이, 모두가 좋아하는 곰돌이예요.
조끼를 입고 가방을 메고 모자까지 쓴 멋쟁이랍니다. 기본 곰돌이를 하나 뜬 다음,
'곰돌이 응용 버전'을 참조해 몸집이 크고 털 색이 다른 곰돌이도 만들어 보세요.

크기

곰돌이	10cm
조끼	밑단 둘레 11cm, 길이 2.6cm
나뭇잎가방	길이 6.2cm(가방끈 포함)
모자	챙 둘레 9.2cm, 높이 0.7cm

게이지

곰돌이	메리야스뜨기 50코×60단
조끼	메리야스뜨기 40코×63단

곰돌이 준비물

실	리치모어(Rich More) 엑설런트 모헤어 카운트 10(Excellent Mohair Count 10)
	#81 인디핑크색(2가닥 사용)
	코 – 아인반트(Einband) #0852 진회색
	인중, 입 – 자수실 검은색
	눈 라인 – 요코타(Yokota) 이로이로(iroiro) #1 흰색
바늘	막대바늘 1.75mm 4개
하드보드 조인트	18mm 1세트(목), 12mm 2세트(팔), 15mm 2세트(다리)
기타	단추눈 4mm 2개, 돗바늘, 모헤어 솜, 송곳, 마커, 수성펜, 면봉, 패브릭 잉크 2색(츠키네코 벌사크래프트 #K16, #133), 시침핀, 겸자, 기모브러시, 마감실, 펠트용 1구 바늘

조끼 준비물

실	아인반트 #1766 주황색
바늘	막대바늘 2.0mm 2개
기타	돗바늘, 가위, 바느질 실, 바늘, 단추 4.0mm 2개

나뭇잎가방 준비물

실	CM필아트(CM Feelart) 베리에이션사 VE #05 그러데이션연두색
바늘	막대바늘 1.5mm 4개
기타	돗바늘, 가위

모자 준비물

실	아트 파이버 엔도(Art Fiber Endo, AFE) #902 밝은베이지색
바늘	막대바늘 1.5mm 4개, 1.75mm 4개
기타	돗바늘, 가위, 리본(3.5mm), 모헤어 솜, 시침핀

- 처음 코를 만들 때나 코막음을 할 때 실을 여유 있게 남긴다. 이 실은 돗바늘에 꿰어 마감하거나 각 부위를 연결할 때 필요하다.
- 뜨는 과정에 나오는 '겉', '안'은 '겉뜨기'와 '안뜨기'의 줄임말이다.

머리

〜〜〜〜 1.75mm 막대바늘과 인디핑크색 실을 써서 '일반코잡기'로 8코를 만든다(뒷머리부터).

1단 (안쪽 면) 안뜨기

2단 앞뒤로 늘리며 겉뜨기 8 (총 16코)

3단 안뜨기

4단 (겉 1, 앞뒤로 늘리며 겉뜨기 1)×8 (총 24코)

5~7단 안뜨기로 시작하는 메리야스뜨기 3단. 5단의 첫코와 끝코에 마커 또는 별색 실로 표시.

8단 (겉 2, 앞뒤로 늘리며 겉뜨기 1)×8 (총 32코)

9~11단 안뜨기로 시작하는 메리야스뜨기 3단. 11단 13~14번째 코 사이, 19~20번째 코 사이에
마커 또는 별색 실로 표시.

12~15단 메리야스뜨기 4단. 15단 첫코와 끝코에 마커 또는 별색 실로 표시.

16단 겉 3, (2코 모아뜨기 1, 겉 2)×7, 겉 1 (총 25코)

17~19단 안뜨기로 시작하는 메리야스뜨기 3단

20단 겉 3, (2코 모아뜨기 1, 겉 1)×7, 겉 1. 6~7번째 코 사이, 12~13번째 코 사이에
마커 또는 별색 실로 표시. (총 18코)

21단 안뜨기

22단 오른코 줄이기 1, 겉 14, 2코 모아뜨기 1 (총 16코)

23단 안뜨기

24단 오른코 줄이기 1, 겉 12, 2코 모아뜨기 1 (총 14코)

25~27단 안뜨기로 시작하는 메리야스뜨기 3단

28단 오른코 줄이기 1, 겉 1, (오른코 줄이기 1, 2코 모아뜨기 1)×2, 겉 1, 2코 모아뜨기 1 (총 8코)

〜〜〜〜 바늘 1에 4코, 바늘 2에 4코 나눠서 겉면을 마주 대고 겉뜨기로 뜨면서 '덮어씌워 잇기'를 한다.

몸통

〜〜〜〜 1.75mm 막대바늘과 인디핑크색 실을 써서 '일반코잡기'로 12코를 만든다(몸통 아래쪽부터).

1단 (안쪽 면) 안뜨기

2단 앞뒤로 늘리며 겉뜨기 12 (총 24코)

3단 안뜨기

4단 (겉 1, 앞뒤로 늘리며 겉뜨기 1)×12 (총 36코)

5단 안뜨기. 첫코와 끝코에 마커 또는 별색 실로 표시.

6~10단 메리야스뜨기 5단. 10단 9~10번째 코 사이, 27~28번째 코 사이에
마커 또는 별색 실로 표시.

11~21단 안뜨기로 시작하는 메리야스뜨기 11단

22단 겉 2, (2코 모아뜨기 1, 겉 4)×5, 2코 모아뜨기 1, 겉 2 (총 30코)

23~27단 안뜨기로 시작하는 메리야스뜨기 5단. 27단 8~9번째 코 사이, 22~23번째 코 사이에
마커 또는 별색 실로 표시.

28~29단 메리야스뜨기 2단

30단 겉 1, (2코 모아뜨기 1, 겉 3)×5, 2코 모아뜨기 1, 겉 2 (총 24코)

31~32단 안뜨기로 시작하는 메리야스뜨기 2단. 31단 첫코와 끝코에 마커 또는 별색 실로 표시.

33~35단 안뜨기 3단

36단 2코 모아뜨기 12 (총 12코)

〜〜〜〜 꼬리실을 15cm 이상 남기고 자른 다음 '돗바늘로 마무리'(20쪽 설명 참조)한다.

머리

a, b 겉면을 마주 대고 겉뜨기로 뜨면서 덮어씌워 잇기

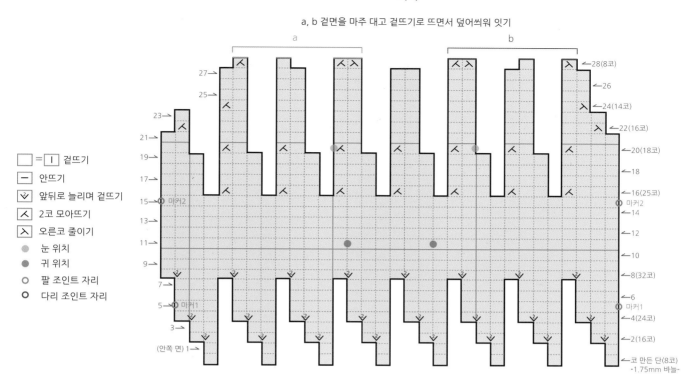

몸통

돗바늘로 마무리

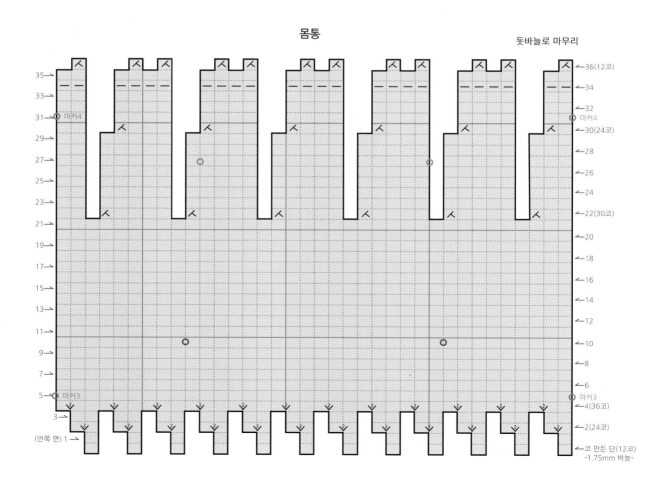

범례:
- = 겉뜨기
- = 안뜨기
- = 앞뒤로 늘리며 겉뜨기
- = 2코 모아뜨기
- = 오른코 줄이기
- 눈 위치
- 귀 위치
- 팔 조인트 자리
- 다리 조인트 자리

팔

~~~~~ 1.75mm 막대바늘과 인디핑크색 실을 써서 '일반코잡기'로 8코를 만든다(팔 몸쪽부터).

1단 (앞뒤로 늘리며 겉뜨기 1, 겉 2, 앞뒤로 늘리며 겉뜨기 1)×2 (총 12코)

2단 안뜨기

3단 (앞뒤로 늘리며 겉뜨기 1, 겉 4, 앞뒤로 늘리며 겉뜨기 1)×2 (총 16코)

4~8단 안뜨기로 시작하는 메리야스뜨기 5단. 5단 첫코와 끝코에 마커 또는 별색 실로 표시.

9단 (오른코 줄이기 1, 겉 4, 2코 모아뜨기 1)×2 (총 12코)

10~16단 안뜨기로 시작하는 메리야스뜨기 7단

17단 (오른코 줄이기 1, 겉 2, 2코 모아뜨기 1)×2 (총 8코)

18~24단 안뜨기로 시작하는 메리야스뜨기 7단. 20단 첫코와 끝코에 마커 또는 별색 실로 표시.

~~~~~ 바늘 1에 4코, 바늘 2에 4코 나눠서 겉면을 마주 대고 겉뜨기로 뜨면서 '덮어씌워 잇기'를 한다. 같은 방법으로 팔 1개를 더 뜬다.

다리

~~~~~ 1.75mm 막대바늘과 인디핑크색 실을 써서 '일반코잡기'로 8코를 만든다(발바닥부터).

1단 (앞뒤로 늘리며 겉뜨기 2, 겉 1)×2, 앞뒤로 늘리며 겉뜨기 2 (총 14코)

2단 안뜨기

3단 (앞뒤로 늘리며 겉뜨기 1, 겉 1)×2, 겉 1, (앞뒤로 늘리며 겉뜨기 1, 겉 1)×2, 겉 1,
(앞뒤로 늘리며 겉뜨기 1, 겉 1)×2 (총 20코)

4~6단 안뜨기로 시작하는 메리야스뜨기 3단

7단 겉뜨기로 코막음 5코, 겉 15 (총 15코)

8단 안뜨기로 코막음 5코, 안 10 (총 10코)

9단 오른코 줄이기 1, 겉 6, 2코 모아뜨기 1 (총 8코)

10단 안뜨기

11단 앞뒤로 늘리며 겉뜨기 1, 겉 2, 앞뒤로 늘리며 겉뜨기 2, 겉 2, 앞뒤로 늘리며 겉뜨기 1.
첫코와 끝코에 마커 또는 별색 실로 표시. (총 12코)

12~14단 안뜨기로 시작하는 메리야스뜨기 3단

15단 앞뒤로 늘리며 겉뜨기 1, 겉 4, 앞뒤로 늘리며 겉뜨기 2, 겉 4, 앞뒤로 늘리며 겉뜨기 1 (총 16코)

16~18단 안뜨기로 시작하는 메리야스뜨기 3단. 17단 첫코와 끝코에 마커 또는 별색 실로 표시.

19단 앞뒤로 늘리며 겉뜨기 1, 겉 6, 앞뒤로 늘리며 겉뜨기 2, 겉 6, 앞뒤로 늘리며 겉뜨기 1 (총 20코)

20~22단 안뜨기로 시작하는 메리야스뜨기 3단

23단 겉 1, (오른코 줄이기 1, 2코 모아뜨기 1, 겉 1, 오른코 줄이기 1, 2코 모아뜨기 1)×2, 겉 1 (총 12코)

24단 안뜨기

~~~~~ 바늘 1에 6코, 바늘 2에 6코 나눠서 겉면을 마주 대고 겉뜨기로 뜨면서 '덮어씌워 잇기'를 한다.
같은 방법으로 다리 1개를 더 뜬다.

돗바늘로 마무리

막대 바늘이 걸려 있는 상태에서, 꼬리실(이해하기 쉽도록 사진에는 다른 실 사용)을 돗바늘에 꿴다.

반대쪽 끝코부터 차례대로 막대 바늘에서 돗바늘로 코를 옮긴다.

돗바늘을 모든 코에 두 바퀴 통과시키고 실을 잡아당겨서 코가 빠지지 않도록 조인다.

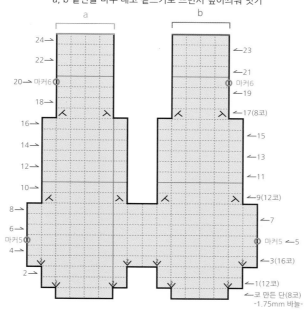

1.75mm 막대바늘과 인디핑크색 실을 써서
'일반코잡기'로 10코를 만든다(귀 끝쪽부터).
메리야스뜨기 2단
꼬리실을 15cm 이상 남기고 자른 다음 '돗바늘로
마무리'한다. 같은 방법으로 귀 1개를 더 뜬다.

1~2단

귀×2

돗바늘로 마무리

←2
←1
←코 만든 단(10코)
-1.75mm 바늘-

팔×2

a, b 겉면을 마주 대고 겉뜨기로 뜨면서 덮어씌워 잇기

a   b

24→
22→
20→마커6
18→
16→
14→
12→
10→
8→
6→
마커5
4→
2→

←23
←21
마커6
←19
←17(8코)
←15
←13
←11
←9(12코)
←7
마커5 ←5
←3(16코)
←1(12코)
←코 만든 단(8코)
-1.75mm 바늘-

=I 겉뜨기
앞뒤로 늘리며 겉뜨기
2코 모아뜨기
오른코 줄이기
겉뜨기로 코막음

다리×2

a, b 겉면을 마주 대고 겉뜨기로 뜨면서 덮어씌워 잇기

a   b

24→
22→
20→
18→
마커8
16→
14→
12→
마커7
10→

←23(12코)
←21
←19(20코)
마커8 ←17
←15(16코)
←13
마커7 ←11(12코)

8(10코)→
6→
4→
2→

←9(8코)
←7(15코)
←5
←3(20코)
←1(14코)
←코 만든 단(8코)
-1.75mm 바늘-

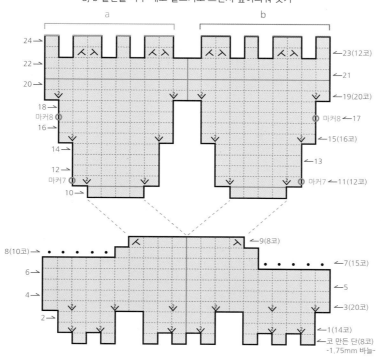

꼬리

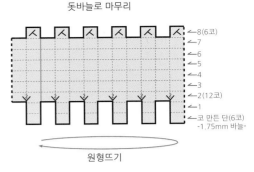

1.75mm 막대바늘과 인디핑크색 실을 써서
'원형코잡기'(아래 설명 참조)로 6코를 만든다
(꼬리 몸쪽부터).

1단	겉뜨기
2단	앞뒤로 늘리며 겉뜨기 6 (총 12코)
3~7단	겉뜨기 5단
8단	2코 모아뜨기 6 (총 6코)

꼬리실을 15cm 이상 남기고 자른 다음
'돗바늘로 마무리'한다.

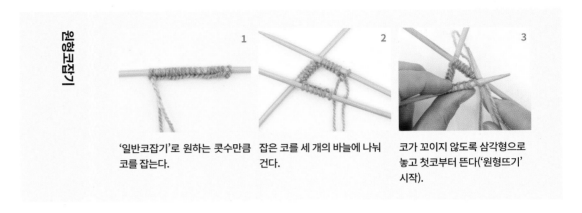

원형코잡기

1 '일반코잡기'로 원하는 콧수만큼 코를 잡는다.

2 잡은 코를 세 개의 바늘에 나눠 건다.

3 코가 꼬이지 않도록 삼각형으로 놓고 첫코부터 뜬다('원형뜨기' 시작).

how to make
곰돌이 조립하기

- '인형 만들기의 기초' 192~197쪽을 참조하여 '4. 눈 달기'까지 동일하게 진행한다.
- 수를 놓을 때는 머리 뒤에서 앞쪽으로 돗바늘을 보내야 하므로 긴 돗바늘을 사용하는 것이 편하다.
- 스티치 그림에서 홀수 번호는 바늘이 나오는 곳, 짝수 번호는 바늘이 들어가는 곳이다.

◆ **코, 인중, 입 스티치**

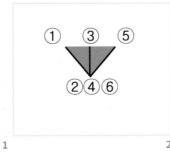

1   2   3   4

1   코, 인중, 입 위치를 수성펜으로 표시한다.

2   코: 진회색(아인반트 0852번) 실을 긴 돗바늘에 꿰어 매듭을 지은 후 머리 창구멍을 통해 코 위치 ①로 빼내고 ②로 넣는다(이렇게 직선으로 수놓는 것을 '스트레이트 스티치'라고 한다). 계속해서 ③~⑥까지 스트레이트 스티치를 한 뒤, 스트레이트 스티치를 반복하며 하늘색 부분을 도톰하게 채운다.

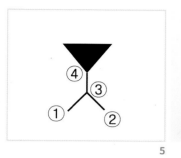

5   6   7   8

3   돗바늘을 창구멍으로 통과시켜 매듭 짓고 실을 자른다. 남은 실은 머리 안쪽으로 안 보이게 정리한다.

4   인중과 입: 검은색 자수실 한 가닥을 긴 돗바늘에 꿰어 매듭을 지은 후 머리 창구멍을 통해 5번 그림의 ①로 보낸다.

5   인중과 입 스티치 순서를 보여주는 그림.

6   ①에서 ②로 바늘을 넣고 ③으로 바늘을 빼낸다.

7   ①과 ② 사이의 실을 ③에 걸어 거꾸로 Y자 모양이 되도록 한다(이렇게 수놓는 것을 '플라이 스티치'라고 한다).

8   ④로 바늘을 넣고 3번과 같은 방법으로 마무리한다.

◆ 귀 달기

1   2   3

1   머리 11단 마커 표시한 곳에 시침핀으로 귀를 고정한다.

2   귀의 꼬리실을 돗바늘에 꿰어 '코와 코 잇기' 기법으로 고정한 위치에 붙인다. 이때 붙는 면이
　　　약간 C자 모양이 되도록 주의하며 작업한다.

3   남은 실은 위의 '코, 인중, 입 스티치' 3번처럼 정리한다. 같은 방법으로 반대쪽 귀도 머리에 연결한다.

◆ 꼬리 달기

1   2   3   4

1   겸자를 이용하여 꼬리에 솜을 적당히 채운다.

2   몸통 뒷면의 아래쪽 중심에 꼬리의 '코 만든 부분'이 맞닿도록 하여 시침핀으로 고정한다.

3   꼬리의 코 만든 부분에 달린 꼬리실에 돗바늘을 꿰어 '코와 코 잇기' 기법으로 꼬리를 몸통에 연결한다.

4   남은 실은 몸통을 통과시킨 뒤 당겨 매듭 짓고, 바늘이 나온 곳으로 다시 바늘을 넣어 다른쪽으로 몸통을 통과시켜 빼내고
　　　실을 당겨 잘라 매듭과 남은 실을 몸 안으로 감춘다.

◆ 손, 발 스티치

1

2

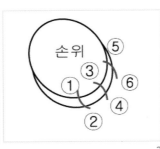

손위

3

4

1   손, 발 스티치할 위치를 수성펜으로 표시한다.

2   검은색 자수실 두 가닥을 돗바늘에 꿰어 매듭을 지은 뒤, 다음 그림을 참조해 손의 바닥 쪽에서 위쪽 ①로 바늘을 빼낸다.
    이때 실의 매듭은 겉에서 보이지 않도록 솜 부분에 숨긴다. 사진은 ①~③까지 진행한 모습.

3   번호 순서대로 스트레이트 스티치를 한다. 바늘을 팔 안쪽으로 통과해 빼낸 다음, 실을 당겨 매듭을 만들고 잘라서
    매듭과 실이 팔 안쪽 솜 부분에 위치하도록 정리한다.

4   발도 같은 방법으로 스티치하고 실을 정리한다.

◆ 마무리

1   '인형 만들기의 기초' 197~199쪽을 참조하여 '머리 창구멍 닫기'부터 '눈 라인 표현'까지
    진행한다. 완성한 모습.

1

how to make
조끼 뜨기

	2.0mm 막대바늘과 주황색 실을 써서 '일반코잡기'로 44코를 만든다.
1~2단	메리야스뜨기 2단
3단	(겉 4, 2코 모아뜨기 1, 겉 5)×4 (총 40코)
4단	안뜨기

오른쪽 앞판

5단	오른코 줄이기 1, 겉 10, 나머지 28코는 다른 바늘에 걸어 '쉼코 1'로 두고 11코만으로 뜬다.
6단	안뜨기로 코막음 4, 안 7 (총 7코)
7단	오른코 줄이기 1, 겉 3, 2코 모아뜨기 1 (총 5코)
8단	안뜨기
9단	오른코 줄이기 1, 겉 3 (총 4코)
10단	안뜨기
11단	오른코 줄이기 1, 겉 2 (총 3코)
12단	안뜨기
13단	오른코 줄이기 1, 겉 1 (총 2코)
14~16단	안뜨기로 시작하는 메리야스뜨기 3단
	2코를 다른 바늘에 옮겨서 어깨 쉼코(오른쪽 앞 어깨)로 둔다.

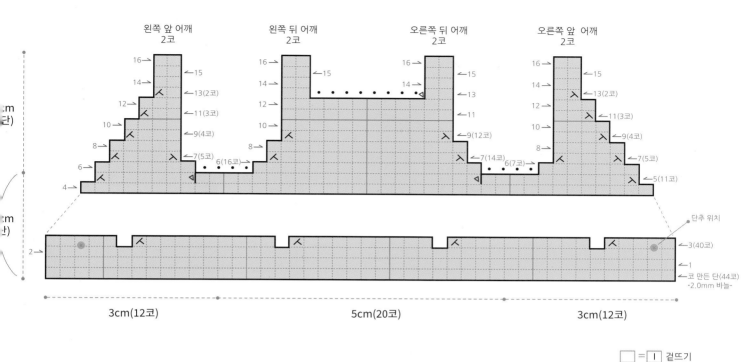

왼쪽 앞 어깨
2코

왼쪽 뒤 어깨
2코

오른쪽 뒤 어깨
2코

오른쪽 앞 어깨
2코

단추 위치

3(40코)

코 만든 단(44코)
-2.0mm 바늘-

3cm(12코)　　　　　　5cm(20코)　　　　　　3cm(12코)

□ = I 겉뜨기
⅄ 2코 모아뜨기
⅄ 오른코 줄이기
• 겉뜨기로 코막음
◁ 새 실 걸기

뒤판

쉼코 1(28코)의 첫코에 새 실을 걸어 뜨기 시작한다.

5단	겉 20, 나머지 8코는 다른 바늘에 걸어 '쉼코2'로 두고 20코만으로 뜬다.
6단	안뜨기로 코막음 4, 안 16 (총 16코)
7단	오른코 줄이기 1, 겉 12, 2코 모아뜨기 1 (총 14코)
8단	안뜨기
9단	오른코 줄이기 1, 겉 10, 2코 모아뜨기 1 (총 12코)
10~12단	안뜨기로 시작하는 메리야스뜨기 3단

---------- 오른쪽 뒤 어깨

13단	겉 2, 나머지 10코는 다른 바늘에 걸어 '쉼코 3'으로 두고 2코로만 뜬다.
14~16단	안뜨기로 시작하는 메리야스뜨기 3단
	2코를 다른 바늘에 옮겨서 어깨 쉼코(오른쪽 뒤 어깨)로 둔다.

---------- 왼쪽 뒤 어깨

쉼코 3(10코)의 첫코에 새 실을 걸어 뜨기 시작한다.

13단	겉뜨기로 코막음 8코, 겉 2 (총 2코)
14~16단	안뜨기로 시작하는 메리야스뜨기 3단
	2코를 다른 바늘에 옮겨서 어깨 쉼코(왼쪽 뒤 어깨)로 둔다.

왼쪽 앞판

쉼코 2(8코)의 첫코에 새 실을 걸어 뜨기 시작한다.

5단	겉 6, 2코 모아뜨기 1 (총 7코)
6단	안뜨기
7단	오른코 줄이기 1, 겉 3, 2코 모아뜨기 1 (총 5코)
8단	안뜨기
9단	겉 3, 2코 모아뜨기 1 (총 4코)
10단	안뜨기
11단	겉 2, 2코 모아뜨기 1 (총 3코)
12단	안뜨기
13단	겉 1, 2코 모아뜨기 1 (총 2코)
14~16단	안뜨기로 시작하는 메리야스뜨기 3단

2코를 다른 바늘에 옮겨서 어깨 쉼코(왼쪽 앞 어깨)로 둔다.

어깨 쉼코 연결

1 오른쪽 앞 어깨와 오른쪽 뒤 어깨의 겉면을 마주 대고 겉뜨기로 뜨면서 '덮어씌워 잇기'를 한다.
2 왼쪽 앞 어깨와 왼쪽 뒤 어깨의 겉면을 마주 대고 겉뜨기로 뜨면서 '덮어씌워 잇기'를 한다.

마무리

1 스팀다리미로 저온에서 다림질한다.
2 남은 실들은 돗바늘에 꿰어 안쪽에서 올 사이로 숨기고 잘라 정리한다.
3 차트도안에 표시된 위치에 맞춰 단추 2개를 단다.

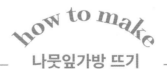

how to make
나뭇잎가방 뜨기

〰	1.5mm 막대바늘과 그러데이션연두색 실을 써서 '일반코잡기'로 3코를 만든다. 실 끝은 15cm 이상 남긴다.
1~2단	3코 아이코드뜨기 2단 3코를 바늘 셋에 나눠 원형뜨기를 한다.
3단	앞뒤로 늘리며 겉뜨기 3 (총 6코)
4단	겉뜨기
5단	겉 1, 앞뒤로 늘리며 겉뜨기 1, (겉 1, 바늘비우기 1)×2, 겉 1, 앞뒤로 늘리며 겉뜨기 1 (총 10코)
6단	겉뜨기
7단	겉 1, 앞뒤로 늘리며 겉뜨기 1, 겉 3, 바늘비우기 1, 겉 1, 바늘비우기 1, 겉 3, 앞뒤로 늘리며 겉뜨기 1 (총 14코)
8단	겉뜨기
9단	겉 1, 앞뒤로 늘리며 겉뜨기 1, 겉 5, 바늘비우기 1, 겉 1, 바늘비우기 1, 겉 5, 앞뒤로 늘리며 겉뜨기 1 (총 18코)
10~14단	겉뜨기 5단
15단	2코 모아뜨기 1, 겉 6, 중심 3코 모아뜨기 1, 겉 5, 오른코 줄이기 1 (총 14코)
16단	겉뜨기

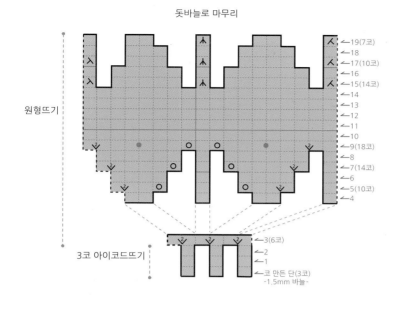

나뭇잎가방

돗바늘로 마무리

원형뜨기

3코 아이코드뜨기

←19(7코)
←18
←17(10코)
←16
←15(14코)
←14
←13
←12
←11
←10
←9(18코)
←8
←7(14코)
←6
←5(10코)
←4

←3(6코)
←2
←1
←코 만든 단(3코)
-1.5mm 바늘-

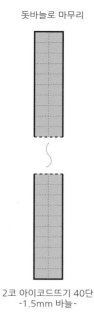

끈

돗바늘로 마무리

2코 아이코드뜨기 40단
-1.5mm 바늘-

□ = I 겉뜨기
앞뒤로 늘리며 겉뜨기
2코 모아뜨기
오른코 줄이기
바늘비우기
중심 3코 모아뜨기
● 끈 연결 위치

17단	2코 모아뜨기 1, 겉 4, 중심 3코 모아뜨기 1, 겉 3, 오른코 줄이기 1 (총 10코)
18단	겉뜨기
19단	2코 모아뜨기 1, 겉 2, 중심 3코 모아뜨기 1, 겉 3 (총 7코)
～～	꼬리실을 15cm 이상 남기고 자른 다음 '돗바늘로 마무리'한다.

끈

～～	1.5mm 막대바늘과 그러데이션연두색 실을 써서 '일반코잡기'로 2코를 만든다.
	꼬리실은 15cm 이상 남긴다.
1~40단	2코 아이코드뜨기 40단(8cm)
～～	꼬리실을 15cm 이상 남기고 자른 다음 '돗바늘로 마무리'한다.

마무리

1 가방은 스팀다리미로 저온에서 다림질한 후, 돗바늘을 사용하여 실을 나뭇잎 안으로 넣어 정리한다.

2 가방끈은 스팀다리미로 저온에서 다림질한 후, 끈 양쪽 꼬리실을 돗바늘에 꿰어 나뭇잎가방 옆에
   꿰매 붙이고(연결 위치는 차트도안 참조) 남은 실은 나뭇잎 안으로 넣어 정리한다.

～～～	1.5mm 막대바늘과 밝은베이지색 실을 써서 '원형코잡기'로 8코를 만든다(모자 윗부분부터).
1단	앞뒤로 늘리며 겉뜨기 8 (총 16코)
2단	겉뜨기
3단	(겉 1, 앞뒤로 늘리며 겉뜨기 1)×8 (총 24코)
4~8단	겉뜨기 5단
	느슨하게 '겉뜨기로 코막음'을 한 뒤 맨 마지막에 고리를 만들어 그 사이로 실을 (자르지 않은 그대로) 빼낸다.
9단	뒤쪽 반코에 바늘을 넣어 24코를 줍는다(아래 '반코에서 코줍기' 참조).
10단	겉뜨기
11단	(겉 2, 끌어올려 겉뜨기로 늘리기 1)×12 (총 36코)
12단	겉뜨기
13단	(겉 3, 끌어올려 겉뜨기로 늘리기 1)×12 (총 48코)
～～～	**1.75mm 막대바늘로 바꿔서 '안뜨기로 코막음'을 한다.**

마무리

1 스팀다리미로 저온에서 다림질한다.
2 코 만든 곳(모자 윗부분)은 '감침질하고 돗바늘로 마무리'하고
   남은 실은 모자 안쪽으로 넣어 정리한다.
3 코막음한 부위의 꼬리실은 돗바늘을 써서 모자 안쪽으로 정리한다.
4 모자 안쪽에 솜을 조금 넣어 입체감을 살린다.
5 3.5mm 리본으로 모자 둘레를 장식한다.

tip. 8단을 뜨고 코막음 후 고리를
만들어 자르지 않은 실 그대로
고리 사이로 빼낸 모습. 이어서
다시 코를 주워서 떠야 챙 부분의
각을 살릴 수 있다.

반코에서 코줍기

 1	 2	 3	 4
코 잡을 부분의 뒤쪽 첫 반코에 겉뜨기 방향으로 바늘을 넣는다.	바늘에 실을 시계 반대 방향으로 감는다.	감은 실을 코의 바깥으로 빼낸다.	2~3번 과정을 반복하며 코를 줍는다.

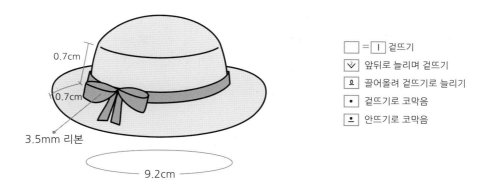

0.7cm

0.7cm

3.5mm 리본

9.2cm

□ = | 겉뜨기

☑ 앞뒤로 늘리며 겉뜨기

ℓ 끌어올려 겉뜨기로 늘리기

· 겉뜨기로 코막음

· 안뜨기로 코막음

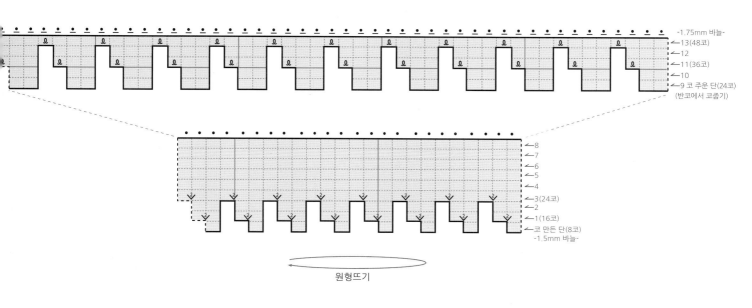

-1.75mm 바늘-
←13(48코)
←12
←11(36코)
←10
←9 코 주운 단(24코)
(반코에서 코줍기)

←8
←7
←6
←5
←4
←3(24코)
←2
←1(16코)
←코 만든 단(8코)
-1.5mm 바늘-

원형뜨기

finishing
전체 마무리

모자는 흘러내리지 않도록 곰돌이 머리 위에 시침핀으로 고정한다.
조끼를 입히고, 나뭇잎가방을 크로스로 매준다.

응용 곰돌이 - 소

크기	10cm
바늘	막대바늘 1.75mm 4개
하드보드 조인트	18mm 1세트(목), 12mm 2세트(팔), 15mm 2세트(다리)
실	Ⓐ리치모어 엑설런트 모헤어 카운트 10 #26 베이지색(2가닥 사용)
	Ⓑ리치모어 엑설런트 모헤어 카운트 10 #62 연밤색(2가닥 사용)
	Ⓒ아인반트 #0852 진회색
	코 - 아인반트 #0852 진회색
	눈썹, 인중, 입 - 자수실 검은색
	눈 라인 - 요코타 이로이로 #1 흰색
눈	단추눈 4.0mm 2개

응용 곰돌이 - 중

크기	18cm
바늘	막대바늘 3.5mm 4개
하드보드 조인트	25mm 1세트(목), 25mm 2세트(팔), 30mm 2세트(다리)
실	Ⓐ랑 파시오네(LANG Passione) #39 연갈색(2가닥 사용)
	Ⓑ랑 파시오네 #26 연베이지색(2가닥 사용)
	Ⓒ랑 파시오네 #15 갈색(2가닥 사용)
	코 - 아인반트 #0867 진갈색
	인중, 입 - 자수실 진갈색(2가닥 사용)
눈	단추눈 5.0mm 2개

응용 곰돌이 - 대

크기	23cm
바늘	막대바늘 3.5mm 4개
하드보드 조인트	35mm 1세트(목), 30mm 2세트(팔), 40mm 2세트(다리)
실	Ⓐ로완(Rowan) 소프트 부클레(Soft Boucle) #608 연갈색
	Ⓑ로완 소프트 부클레 #602 연베이지색
	Ⓒ로완 소프트 부클레 #604 갈색
	코 - 아인반트 #0852 진회색
	눈썹, 인중, 입 - 자수실 검은색(2가닥 사용)
	눈 라인 - 요코타 이로이로 #1 흰색
눈	단추눈 6.0mm 2개

응용 곰돌이

곰돌이 도안과 토끼 도안을 응용해, 다른 버전의 곰돌이 인형을 만드는 방법이며, 실과 바늘, 조인트를 달리하면 다양한 크기와 색상의 곰돌이를 만들어줄 수 있어요.

how to make

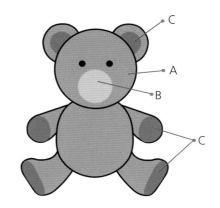

응용 곰돌이 뜨기

1 머리는 Ⓐ실로 코 만들기~22단까지 뜨고, Ⓑ실로 바꿔서 23~28단까지 뜬다.
2 몸통, 꼬리는 Ⓐ실로 뜬다.
3 팔, 다리는 '토끼 뜨기 > 팔, 다리'(54~56쪽)를 참조해 Ⓐ실과 Ⓒ실(배색)로 뜬다.
4 귀 부분은 Ⓐ실로 코를 잡고, Ⓒ실로 바꿔서 1~2단을 뜬다.

코, 인중, 입, 눈썹 스티치

1 응용 곰돌이의 실 안내와 다음 그림을 참조해 각 부분을 수놓는다.
2 '스트레이트 스티치'를 기본으로, 응용 곰돌이_중과 응용 곰돌이_대의 인중과 입은 '플라이 스티치'로 표현한다.
3 응용 곰돌이_중은 눈썹 없이 마무리하고, 눈 라인도 넣지 않는다.
4 홀수 번호는 바늘이 나오는 곳, 짝수 번호는 바늘이 들어가는 곳이다.

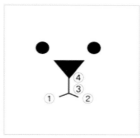

응용 곰돌이_소　　　　　응용 곰돌이_중　　　　　응용 곰돌이_대

Sheep Knitting Pattern

양

어린 양 남매가 한껏 멋을 내고 포즈를 잡았어요. 자세는 의젓하지만 초롱초롱 동그란 눈동자에는 호기심이 가득하네요.

튤립 무늬 조끼와 각 잡은 모자가 귀여운 느낌을 한층 더합니다.

크기

양	10.5cm
튤립조끼	밑단 둘레 11cm, 길이 4cm
모자	챙 둘레 14.5cm, 높이 1.2cm

게이지

양	메리야스뜨기 48코×58단
튤립조끼	메리야스뜨기 55코×75단

양 준비물

실	샤헨마이어(Schachenmayr) 텍스투라 소프트(Textura Soft) #002 흰색
	손, 발 – 몬디알(Mondial) 키드 모헤어(Kid Mohair) #586 진갈색(2가닥 사용)
	인중, 속눈썹 – 자수실 진갈색
바늘	막대바늘 1.5mm 4개
하드보드 조인트	18mm 1세트(목), 12mm 2세트(팔), 15mm 2세트(다리)
기타	단추눈 4mm 2개, 돗바늘, 모헤어 솜, 송곳, 마커, 수성펜, 면봉, 패브릭 잉크 2색(츠키네코 벌사크래프트 #K16, #133), 시침핀, 겸자, 마감실, 펠트용 1구 바늘

- 처음 코를 만들 때나 코막음을 할 때 실을 여유 있게 남긴다. 이 실은 돗바늘에 꿰어 마감하거나 각 부위를 연결할 때 필요하다.
- 뜨는 과정에 나오는 '겉', '안'은 '겉뜨기'와 '안뜨기'의 줄임말이다.

실	랑(Lang) 레인포스먼트(Reinforcement) 꼭지실 #279 바다색, #007 진청색, #109 분홍색, #060 빨간색, #159 주황색, CM필아트(CM Feelart) 베리에이션사 #VE07 그러데이션연두색, 애플톤(Appletons) 울사 #554 노란색
바늘	막대바늘 1.2mm 4개, 1.5mm 4개
기타	돗바늘, 가위, 바느질실, 바늘, 단추 4.0mm 4개

실	아트파이버 엔도(Art Fiber Endo, AFE) #903 브라운색
바늘	막대바늘 1.5mm 4개, 1.75mm 4개
기타	돗바늘, 가위, 리본(3.5mm), 시침핀, 투명 클리어 파일

how to make
양 뜨기

머리

〰	1.5mm 막대바늘과 흰색 실을 써서 '일반코잡기'로 9코를 만든다 (뒷머리부터).
1단	(안쪽 면) 안뜨기
2단	앞뒤로 늘리며 겉뜨기 9 (총 18코)
3단	안뜨기
4단	(겉 1, 앞뒤로 늘리며 겉뜨기 1)×9 (총 27코)
5~7단	안뜨기로 시작하는 메리야스뜨기 3단. 5단 첫코와 끝코에 마커 또는 별색 실로 표시.
8단	(겉 2, 앞뒤로 늘리며 겉뜨기 1)×9 (총 36코)
9~17단	안뜨기로 시작하는 메리야스뜨기 9단. 15단 첫코와 끝코에 마커 또는 별색 실로 표시.
18단	(겉 2, 2코 모아뜨기 1, 겉 2)×6 (총 30코)
19~21단	안뜨기로 시작하는 메리야스뜨기 3단
22단	(겉 2, 2코 모아뜨기 1, 겉 1)×6. 8~9번째 코 사이, 16~17번째 코 사이에 마커 또는 별색 실로 표시. (총 24코)

23~25단	안뜨기로 시작하는 메리야스뜨기 3단
26단	(겉 1, 2코 모아뜨기 1, 겉 1)×6 (총 18코)
27단	안뜨기
28단	2코 모아뜨기 2, 겉 1, 2코 모아뜨기 4, 겉 1, 2코 모아뜨기 2 (총 10코)

바늘 1에 5코, 바늘 2에 5코 나눠서 겉면을 마주 대고 겉뜨기로 뜨면서 '덮어씌워 잇기'를 한다.

몸통

1.5mm 막대바늘과 흰색 실을 써서 '곰돌이 몸통'과 같이 뜬다(18~19쪽 '곰돌이 뜨기 > 몸통' 참조).

팔

1.5mm 막대바늘과 흰색 실(바탕색 표시 X)을 써서 '일반코잡기'로 8코를 만든다(팔 몸쪽부터).

1단	(앞뒤로 늘리며 겉뜨기 1, 겉 2, 앞뒤로 늘리며 겉뜨기 1)×2 (총 12코)
2단	안뜨기
3단	(앞뒤로 늘리며 겉뜨기 1, 겉 4, 앞뒤로 늘리며 겉뜨기 1)×2 (총 16코)
4~8단	안뜨기로 시작하는 메리야스뜨기 5단. 5단 첫코와 끝코에 마커 또는 별색 실로 표시.
9단	(오른코 줄이기 1, 겉 4, 2코 모아뜨기 1)×2 (총 12코)
10~16단	안뜨기로 시작하는 메리야스뜨기 7단
17단	(오른코 줄이기 1, 겉 2, 2코 모아뜨기 1)×2 (총 8코)
18~20단	안뜨기로 시작하는 메리야스뜨기 3단. 18단 첫코와 끝코에 마커 또는 별색 실로 표시.
21~25단	진갈색 실을 연결하여 메리야스뜨기 5단

바늘 1에 4코, 바늘 2에 4코 나눠서 겉면을 마주 대고 겉뜨기로 뜨면서 '덮어씌워 잇기'를 한다. 같은 방법으로 팔 1개를 더 뜬다.

팔×2

a, b 겉면을 마주 대고 겉뜨기로 뜨면서 덮어씌워 잇기

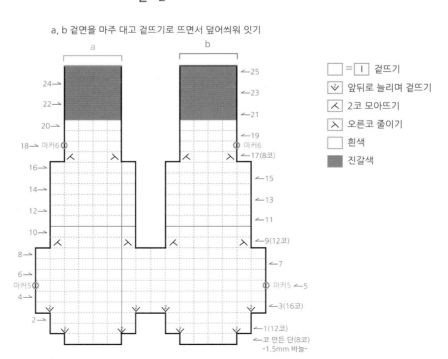

▢ = Ⅰ	겉뜨기
⋁	앞뒤로 늘리며 겉뜨기
⋀	2코 모아뜨기
⋋	오른코 줄이기
▢	흰색
▨	진갈색

머리

a, b 겉면을 마주 대고 겉뜨기로 뜨면서 덮어씌워 잇기

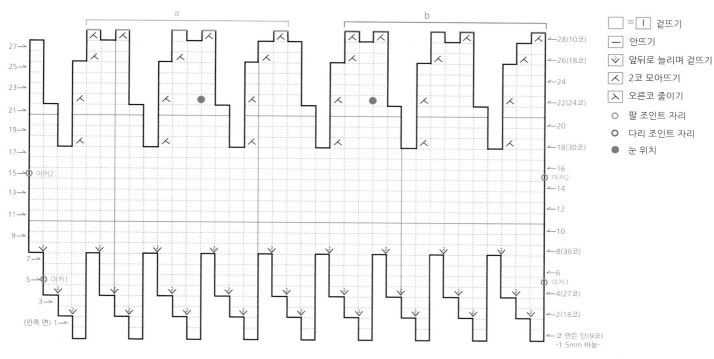

☐ = Ⅰ 겉뜨기	
⊟ 안뜨기	
Ⓥ 앞뒤로 늘리며 겉뜨기	
⊼ 2코 모아뜨기	
⊼ 오른코 줄이기	
◯ 팔 조인트 자리	
◎ 다리 조인트 자리	
⬤ 눈 위치	

몸통

돗바늘로 마무리

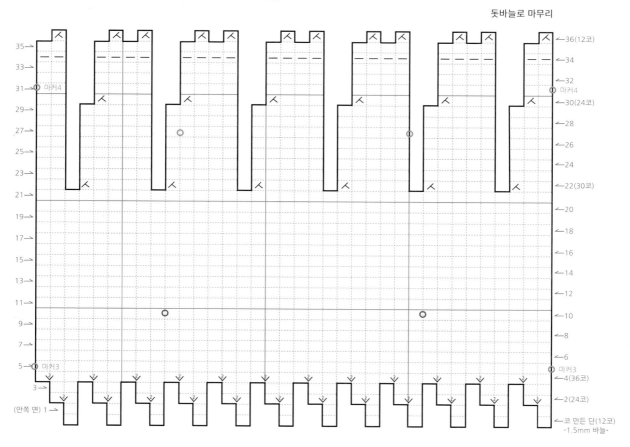

37

다리×2

a, b 겉면을 마주 대고 겉뜨기로 뜨면서 덮어씌워 잇기

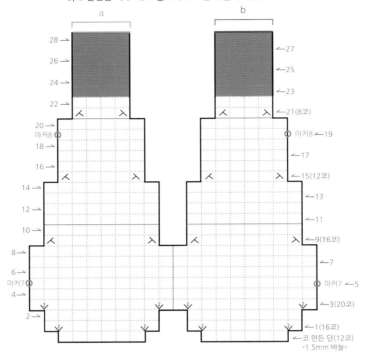

<table>
<tr><td>□ = | 겉뜨기</td></tr>
<tr><td>☑ 앞뒤로 늘리며 겉뜨기</td></tr>
<tr><td>☒ 2코 모아뜨기</td></tr>
<tr><td>☒ 오른코 줄이기</td></tr>
<tr><td>□ 흰색</td></tr>
<tr><td>■ 진갈색</td></tr>
</table>

다리

〰〰〰 1.5mm 막대바늘과 흰색 실(바탕색 표시 X)을 써서 '일반코잡기'로 12코를 만든다(다리 몸쪽부터).

1단 (앞뒤로 늘리며 겉뜨기 1, 겉 4, 앞뒤로 늘리며 겉뜨기 1)×2 (총 16코)

2단 안뜨기

3단 (앞뒤로 늘리며 겉뜨기 1, 겉 6, 앞뒤로 늘리며 겉뜨기 1)×2 (총 20코)

4~8단 안뜨기로 시작하는 메리야스뜨기 5단. 5단 첫코와 끝코에 마커 또는 별색 실로 표시.

9단 (오른코 줄이기 1, 겉 6, 2코 모아뜨기 1)×2 (총 16코)

10~14단 안뜨기로 시작하는 메리야스뜨기 5단

15단 (오른코 줄이기 1, 겉 4, 2코 모아뜨기 1)×2 (총 12코)

16~20단 안뜨기로 시작하는 메리야스뜨기 5단. 19단 첫코와 끝코에 마커 또는 별색 실로 표시.

21단 (오른코 줄이기 1, 겉 2, 2코 모아뜨기 1)×2 (총 8코)

22단 안뜨기

23~28단 진갈색 실을 연결하여 메리야스뜨기 6단

〰〰〰 바늘 1에 4코, 바늘 2에 4코 나눠서 겉면을 마주 대고 겉뜨기로 뜨면서 '덮어씌워 잇기'를 한다.

같은 방법으로 다리 1개를 더 뜬다.

귀

〰〰〰 1.5mm 막대바늘과 흰색 실을 써서 '원형코잡기'로 4코를 만든다(귀 몸쪽부터).

1단 겉뜨기

2단 앞뒤로 늘리며 겉뜨기 4 (총 8코)

3단 겉뜨기

4단 (겉 1, 앞뒤로 늘리며 겉뜨기 1)×4 (총 12코)

5~9단 겉뜨기 5단

10단 (겉 4, 2코 모아뜨기 1)×2 (총 10코)

11단 (겉 3, 2코 모아뜨기 1)×2 (총 8코)

12단 (겉 2, 2코 모아뜨기 1)×2 (총 6코)

〰〰〰 꼬리실을 15cm 이상 남기고 자른 다음 '돗바늘로 마무리'한다. 같은 방법으로 귀 1개를 더 뜬다.

귀×2

돗바늘로 마무리

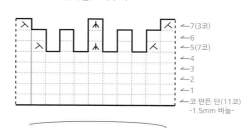

꼬리

돗바늘로 마무리

←12(6코)
←11(8코)
←10(10코)
←9
←8
←7
←6
←5
←4(12코)
←3
←2(8코)
←코 만든 단(4코)
-1.5mm 바늘-

원형뜨기

←7(3코)
←6
←5(7코)
←4
←3
←2
←1
←코 만든 단(11코)
-1.5mm 바늘-

원형뜨기

	=	겉뜨기
⋁		앞뒤로 늘리며 겉뜨기
⋏		2코 모아뜨기
⋌		오른코 줄이기
⋀		중심 3코 모아뜨기

꼬리

〰〰〰 1.5mm 막대바늘과 흰색 실을 써서 '원형코잡기'로 11코를 만든다(꼬리 몸쪽부터).

1~4단   겉뜨기 4단

5단   겉 1, 2코 모아뜨기 1, 겉 1, 중심 3코 모아뜨기 1, 겉 1, 오른코 줄이기 1, 겉 1 (총 7코)

6단   겉뜨기

7단   2코 모아뜨기 1, 중심 3코 모아뜨기 1, 오른코 줄이기 1 (총 3코)

〰〰〰 꼬리실을 15cm 이상 남기고 자른 다음 '돗바늘로 마무리'한다.

how to make
양 조립하기

· 전체 조립과정은 인형 만들기의 기초(192~199쪽)를 따라 진행하되, 양의 특성에 맞게 달리 작업해야 할 부분에 유의한다.

· 과정 사진에서는 알아보기 쉽도록 굵은 실을 사용했다.

· 스티치 그림에서 홀수 번호는 바늘이 나오는 곳, 짝수 번호는 바늘이 들어가는 곳이다.

◆ 부위별 마무리 ~ 눈 달기

1   인형 만들기의 기초 '1. 부위별 마무리'를 진행한다. '2. 조인트 넣기' 과정에서 양의 다리는 팔을 조립할 때와 같은 방법(195쪽 1~8번 참조)으로 연결한다. 또한 팔과 다리 모두 솔기 부분이 뒤쪽에 위치하도록 조립한다. 다음으로 '3. 솜 넣기', '4. 눈 달기'까지 진행한다.

1

◆ 인중, 속눈썹 스티치

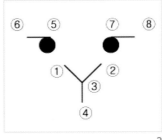

1   2   3

1 인중, 속눈썹 위치를 수성펜으로 표시한다.
2 진갈색 자수실 한 올을 긴 돗바늘에 꿰어 매듭을 지은 후 머리 창구멍을 통해 ①위치로 보내고
  ④까지 '플라이 스티치'를 해 코 라인과 인중을 표현한다. 이어서 ⑤~⑧까지 '스트레이트 스티치'를 한다.
3 바늘을 머리의 창구멍으로 통과시켜 매듭을 짓고 실을 자른다. 완성한 모습.

◆ 귀에 솜 넣기, 귀 달기

1   2   3   4

1 귀의 윗부분에 남은 실은 돗바늘에 꿰어 귀 안쪽을 관통해 아래쪽으로 보내고, 겸자를
  사용하여 솜을 창구멍(아랫부분)으로 조금만 넣는다.
2 머리 옆 부분에 귀를 시침핀으로 고정해 위치를 잡고, 수성펜으로 귀 윗부분을 따라
  바느질 선 위쪽 절반을 그린다.
3 귀를 떼어내고 바느질 선 아랫부분을 마저 그린다.
4 귀의 코 만든 부분의 꼬리실을 돗바늘에 꿰어, 귀의 코와 머리에 표시해둔
  바느질 선을 '메리야스 잇기'로 연결한다.
5 메리야스 잇기를 할 때 인형을 돌려가며 작업하면 수월하다. 실이 보이지 않도록
  바짝 당기면서 바느질하고 매듭을 지은 다음 남은 실은 머리 안쪽으로 통과시킨 후
  잘라 마무리한다. 같은 방법으로 반대쪽 귀도 단다.

5

◆ 꼬리 달기

1   2   3

1. 꼬리 윗부분에 남은 실은 돗바늘에 꿰어 꼬리 안쪽을 관통해 아래쪽으로 보낸다.
2. 몸통 뒷면 아래쪽 중심에 꼬리의 코 만든 부분을 시침핀으로 고정해 위치를 잡는다.
3. 꼬리의 코 만든 부분에 달린 꼬리실을 돗바늘에 꿰어 '코와 코 잇기'로 몸통에 연결하고, 남은 실은 매듭을 짓고
   몸통 안쪽으로 통과시킨 후 잘라 마무리한다.

◆ 머리 창구멍 닫기 ~ 얼굴 생동감 표현

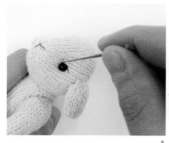  

1　　　　　　　　　**2**　　　　　　　　　**3**

펠트용 바늘로 양 얼굴 정리

1. 인형 만들기의 기초 '5. 머리 창구멍 닫기'와 '6. 수성펜 지우기'를 진행한다. 이어서 펠트용 바늘(1구바늘)로
   눈 주변을 수직으로 살살 찌르면 잔털이 정리되어 눈매가 더 또렷해진다.
2. 눈과 눈 사이도 펠트용 바늘(1구바늘)로 찔러 누르는 효과를 내면 얼굴 굴곡을 좀 더 자연스럽게 표현할 수 있다.
3. 인형 만들기의 기초 '8. 얼굴 생동감 표현'(199쪽)을 참조하여 K16번 패브릭잉크를 눈 테두리와 눈썹 라인에,
   133번 패브릭잉크를 코와 양 볼에 살살 바른다.

양 얼굴 생동감 표현(영상 1분
52초부터)

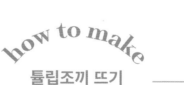

how to make
튤립조끼 뜨기

～～～	1.2mm 막대바늘과 **바다색 실**을 써서 '일반코잡기'로 61코를 만든다.
1단	겉 1, 2코 모아뜨기 1, 바늘비우기 1, 겉 1, (안 1, 겉뜨기 꼬아뜨기 1)×26, 안 1, 겉 4
2단	겉 4, (겉 1, 안뜨기 꼬아뜨기 1)×26, 겉 5
3단	**1.5mm 막대바늘로 바꾸고** 진청색 실(바탕색 표시 X)을 연결하여 겉뜨기
4단	겉 4, 안 53, 겉 4
5단	겉 7, 그러데이션연두색 실을 연결하여 겉 3, 겉 7, (겉 3, 겉 5)×4, 겉 2, 겉 3, 겉 7
6단	겉 4, 안 2, (안 1, 안 1)×2, 안 1, 안 5, (안 1, 안 1, 안 1, 안 1, 안 3)×4, 안 2, (안 1, 안 1)×2, 안 1, 안 2, 겉 4
7단	겉 8, 겉 1, 겉 2, (겉 7, 겉 1)×4, 겉 9, 겉 1, 겉 8
8단	겉 4, 안 3, 노란색 실을 연결하여 안 3, 안 7, 빨간색 실을 연결하여 안 3, 안 5, 분홍색 실을 연결하여 안 3, 안 5, 안 3, 안 5, 안 3, 안 7, 안 3, 안 3, 겉 4
9단	겉 1, 2코 모아뜨기 1, 바늘비우기 1, 겉 3, 겉 5, 겉 5, 겉 3, 겉 5 겉 3, 겉 5, 겉 3, 겉 5, 겉 5, 겉 5, 겉 6
10단	겉 4, 안 2, (안 1, 안 1)×2, 안 1, 안 5, (안 1, 안 1)×2, 안 1, 안 3, (안 1, 안 1)×2, 안 1, 안 3, (안 1, 안 1)×2, 안 1, 안 3, (안 1, 안 1)×2, 안 1, 안 5, (안 1, 안 1)×2, 안 1, 안 2, 겉 4
11단	겉뜨기

12단	겉 4, 안 3, **안 3**, 안 4, **안 1**, 안 1, **안 1**, 안 4, (**안 3**, 안 5)×2, **안 3**, 안 4, **안 1**, 안 1, **안 1**, 안 4, **안 3**, 안 3, 겉 4
13단	겉 6, (**겉 1**, 겉 1)×2, **겉 1**, 겉 4, **겉 1**, 겉 6, **겉 1**, 겉 5, (**겉 1**, 겉 1)×2, **겉 1**, 겉 5, **겉 1**, 겉 6, **겉 1**, 겉 4, (**겉 1**, 겉 1)×2, **겉 1**, 겉 6
14단	겉 4, 안 4, **안 1**, 안 13, (**안 1**, 안 7)×2, **안 1**, 안 13, **안 1**, 안 4, 겉 4

오른쪽 뒤판

15단	겉 7, 겉 3, 겉 4, 나머지 39코는 다른 바늘에 걸어 '쉼코 1'로 두고 14코만으로 뜬다.
16단	안 3, **안 5**, 안 2, 겉 4
17단	겉 1, 2코 모아뜨기 1, 바늘비우기 1, 겉 3, (**겉 1**, 겉 1)×3, 2코 모아뜨기 1 (총 13코)
18단	안 9, 겉 4
19단	겉 7, **겉 3**, 겉 1, 2코 모아뜨기 1 (총 12코)
20단	안 3, **안 1**, 안 4, 겉 4
21단	겉 4를 떠서 마커에 걸고, 겉 3, **주황색 실을 연결하여 겉 3**, 겉 2
22단	안 2, **안 3**, 안 3 (총 8코)
23단	겉뜨기로 코막음 2코, (겉 1, **겉 1**)×2, 겉 2 (총 6코)
24단	안뜨기
25단	오른코 줄이기 1, 겉 4 (총 5코)
26단	안뜨기
27단	오른코 줄이기 1, 겉 3 (총 4코)
28~30단	안뜨기로 시작하는 메리야스뜨기 3단
	4코를 다른 바늘로 옮겨 어깨 쉼코(오른쪽 뒤 어깨)로 둔다.

앞판

	쉼코 1(39코)의 첫코에 새 실(진청색 실)을 걸어 뜨기 시작한다.
15단	겉뜨기로 코막음 4코, 겉 3, 겉 3, 겉 5, **겉 3**, 겉 5, **겉 3**, 겉 3, 나머지 18코는 다른 바늘에 걸어 '쉼코 2'로 두고 25코만으로 뜬다.
16단	안 3, **안 3**, 안 4, **안 5**, 안 4, **안 3**, 안 3
17단	오른코 줄이기 1, (겉 1, **겉 1**)×2, 겉 4, (**겉 1**, 겉 1)×3, 겉 3, (**겉 1**, 겉 1)×2, 2코 모아뜨기 1 (총 23코)
18단	안뜨기
19단	오른코 줄이기 1, **겉 3**, 겉 13, **겉 3**, 2코 모아뜨기 1 (총 21코)
20단	안 2, **안 1**, 안 15, **안 1**, 안 2

오른쪽 앞 어깨

21단	겉 1, **겉 3**, 겉 4, 나머지 13코는 다른 바늘에 걸어 '쉼코 3'으로 두고 8코로만 뜬다.
22단	안뜨기로 코막음 2코, 안 2, **안 3**, 안 1 (총 6코)
23단	(겉 1, **겉 1**)×2, 겉 2
24단	안뜨기로 2코 모아뜨기 1, 안 4 (총 5코)
25단	겉뜨기
26단	안뜨기로 2코 모아뜨기 1, 안 3 (총 4코)
27~30단	메리야스뜨기 4단
	4코를 다른 바늘에 옮겨서 어깨 쉼코(오른쪽 앞 어깨)로 둔다.

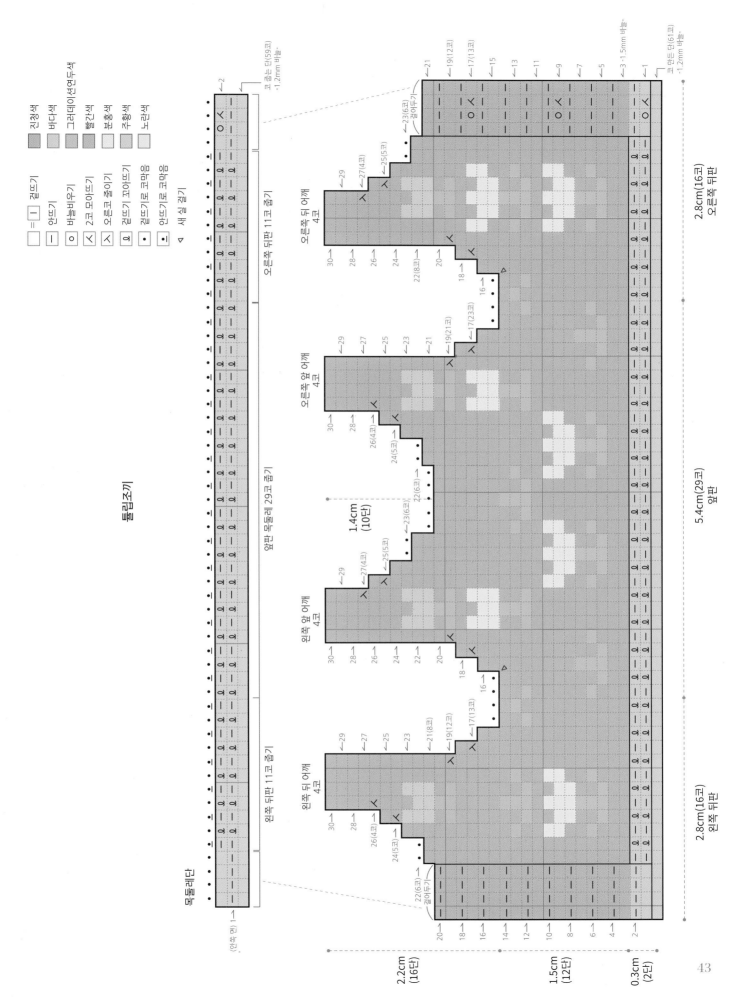

43

왼쪽 앞 어깨

쉼코 3(13코)의 첫코에 진청색 실을 걸어 뜨기 시작한다.

21단	겉뜨기로 코막음 5코, 겉 4, 겉 3, 겉 1 (총 8코)
22단	안 1, 안 3, 안 4
23단	겉뜨기로 코막음 2코, 겉 2, (겉 1, 겉 1)×2 (총 6코)
24단	안뜨기
25단	오른코 줄이기 1, 겉 4 (총 5코)
26단	안뜨기
27단	오른코 줄이기 1, 겉 3 (총 4코)
28~30단	안뜨기로 시작하는 메리야스뜨기 3단

4코를 다른 바늘에 옮겨서 어깨 쉼코(왼쪽 앞 어깨)로 둔다.

왼쪽 뒤판

쉼코 2(18코)의 첫코에 진청색 실을 걸어 뜨기 시작한다.

15단	겉뜨기로 코막음 4코, 겉 4, 겉 3, 겉 7 (총 14코)
16단	겉 4, 안 2, 안 5, 안 3
17단	오른코 줄이기 1, (겉 1, 겉 1)×3, 겉 6 (총 13)
18단	겉 4, 안 9
19단	오른코 줄이기 1, 겉 1, 겉 3, 겉 7 (총 12코)
20단	겉 4를 떠서 마커에 걸고, 안 4, 안 1, 안 3
21단	겉 2, 겉 3, 겉 3 (총 8코)
22단	안뜨기로 코막음 2코, 안 1, 안 3, 안 2 (총 6코)
23단	겉 2, (겉 1, 겉 1)×2
24단	안뜨기로 2코 모아뜨기 1, 안 4 (총 5코)
25단	겉뜨기
26단	안뜨기로 2코 모아뜨기 1, 안 3 (총 4코)
27~30단	메리야스뜨기 4단

4코를 다른 바늘에 옮겨서 어깨 쉼코(왼쪽 뒤 어깨)로 둔다.

어깨 쉼코 연결

1 오른쪽 앞 어깨와 오른쪽 뒤 어깨의 겉면을 마주 대고 겉뜨기로 뜨면서 '덮어씌워 잇기'를 한다.
2 왼쪽 앞 어깨와 왼쪽 뒤 어깨의 겉면을 마주 대고 겉뜨기로 뜨면서 '덮어씌워 잇기'를 한다.

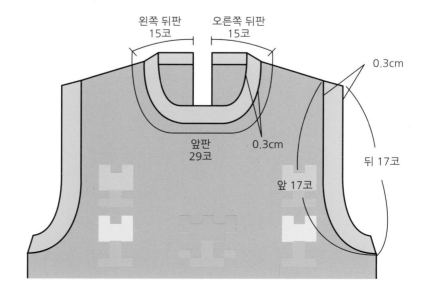

목둘레단	1단	1.2mm 막대바늘과 바다색 실을 써서 오른쪽 뒤판에서 마커에 걸어둔 4코를 겉뜨기, 11코 줍고, 앞판에서 29코, 왼쪽 뒤판에서 11코 줍고, 마커에 걸어둔 4코를 겉뜨기한다. (총 59코) (안쪽 면) 겉 4, (겉 1, 안뜨기 꼬아뜨기 1)×25, 겉 5
	2단	겉 1, 2코 모아뜨기 1, 바늘비우기 1, 겉 1, (안 1, 겉뜨기 꼬아뜨기 1)×25, 안 1, 겉 4 겉뜨기 코는 겉뜨기로, 안뜨기 코는 안뜨기로 뜨면서 '고무단 덮어씌워 코막음'을 한다.
진동둘레단		1.2mm 막대바늘 4개와 바다색 실을 써서 '원형뜨기'를 한다. 진동아래 코막음한 부분의 중심에서부터 바늘 1에 11코, 바늘 2에 12코, 바늘 3에 11코를 줍는다. 아래 '진동아래 코줍기' 설명 참조. (총 34코)
	1~2단	(겉뜨기 꼬아뜨기 1, 안 1)×17 겉뜨기 코는 겉뜨기로, 안뜨기 코는 안뜨기로 뜨면서 '고무단 덮어씌워 코막음'을 한다.

진동아래 코줍기

(진동아래 코막음한 부분의 중심에) 겉뜨기 방향으로 바늘을 넣는다.

실을 감아 빼낸다.

1~2번 과정을 반복해 사진처럼 코를 줍는다.

사진 속 점으로 표시한 옆선에서는 '세로단 코줍기'(213쪽)를 참조해 단마다 코를 줍는다.

계속해서 같은 방향으로 뒤쪽도 마저 코를 줍는다. 세 개의 바늘에 나눠 코줍기를 완성한 모습.

마무리

1 스팀다리미로 저온에서 다림질한다.
2 남은 실들은 돗바늘에 꿰어 안쪽에서 올 사이로 숨기고 잘라 정리한다.
3 단춧구멍 위치에 맞춰 단추 4개를 달고, 안쪽에서 실을 정리해 마무리한다.

모자 뜨기

～～～	1.5mm 막대바늘과 브라운색 실을 써서 '원형코잡기'로 6코를 만든다(모자 윗부분부터).
1단	앞뒤로 늘리며 겉뜨기 6 (총 12코)
2단	겉뜨기. 이후 10단까지 짝수 단 동일
3단	(겉 1, 앞뒤로 늘리며 겉뜨기 1)×6 (총 18코)
5단	(겉 2, 앞뒤로 늘리며 겉뜨기 1)×6 (총 24코)
7단	(겉 3, 앞뒤로 늘리며 겉뜨기 1)×6 (총 30코)
9단	(겉 4, 앞뒤로 늘리며 겉뜨기 1)×6 (총 36코)
11단	(겉 5, 앞뒤로 늘리며 겉뜨기 1)×6 (총 42코)
12~19단	겉뜨기 8단
	느슨하게 '겉뜨기로 코막음'을 하고, 맨 마지막에 고리를 만들어 그 사이로 실을 (자르지 않은 그대로) 빼낸다.
20단	뒤쪽 반코에 바늘을 넣어 42코를 줍는다(28쪽 '반코에서 코줍기' 참조).
21단	겉뜨기
22단	(겉 3, 끌어올려 겉뜨기로 늘리기 1)×14 (총 56코)
23단	겉뜨기
24단	(겉 4, 끌어올려 겉뜨기로 늘리기 1)×14 (총 70코)
25단	겉뜨기
～～～	**1.75mm 막대바늘로 바꿔서** '안뜨기로 코막음'을 한다.

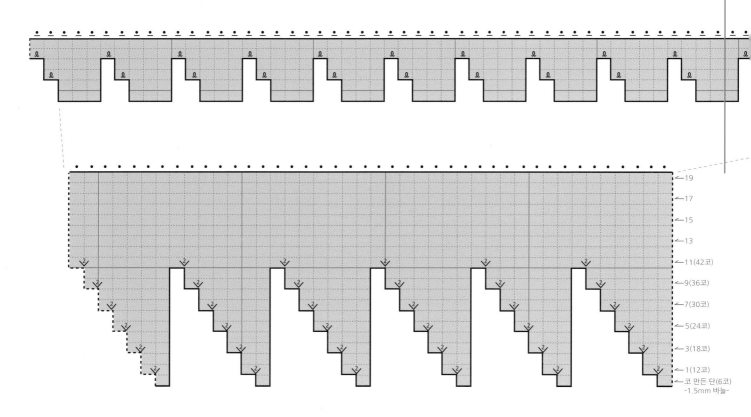

원형뜨기

마무리

1 28쪽 '곰돌이 > 모자 뜨기 > 마무리'를 참조해 **1~3**번까지 진행한다.

2 모자 안쪽 높이×둘레(약 1.2×10.5cm)를 재고, 높이는 같게, 길이(둘레)는 2cm 더 여유 있게
투명 클리어 파일(심지)을 잘라 모자 안쪽에 둘러 각을 잡는다. 심지 크기는 완성작의
크기에 맞춰 조절한다.

3 3.5mm 리본으로 모자 둘레를 장식한다.

심지 넣기

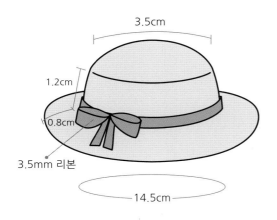

3.5mm 리본

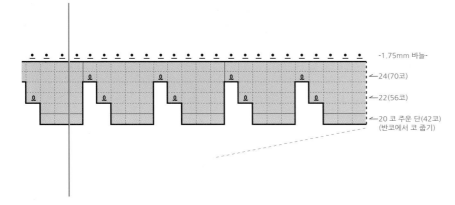

-1.75mm 바늘-

24(70코)

22(56코)

20 코 주운 단(42코)
(반코에서 코 줄기)

= I 겉뜨기

⋁ 앞뒤로 늘리며 겉뜨기

ℓ 끌어올려 겉뜨기로 늘리기

• 겉뜨기로 코막음

• 안뜨기로 코막음

finishing

전체 마무리

모자는 흘러내리지 않도록 양 머리 위에 시침핀으로 고정한다.
튤립조끼를 입힌다.

no.

03

Rabbit Knitting Pattern

토끼

애착인형이 떠오르는 토끼 가족이에요. 바구니 가득 당근을 담고도 모자라
머리에까지 얹은 언니 토끼, 그 모습을 바라보고 있는 동생 토끼의 표정이 미소를 자아냅니다.
굵은 실과 바늘을 사용하면 왕큰 엄마 토끼도 뜰 수 있어요.

INFORMATION

크기

토끼	13cm
당근케이프	밑단 둘레 16cm, 길이 2.3cm
바구니	바닥 길이 3.5cm, 높이 4cm(끈 포함)
당근	2.5cm

게이지

토끼	메리야스뜨기 50코×60단
당근케이프	메리야스뜨기 55코×75단

토끼 준비물

실	리치모어(Rich More) 엑설런트 모헤어 카운트 10(Excellent Mohair Count 10) **#84 라임색**(2가닥 사용), **#01 흰색**(2가닥 사용) 코 – 아인반트(Einband) #9171 석류색 인중, 입, 속눈썹 – 자수실 진갈색
바늘	막대바늘 1.75mm 4개
하드보드 조인트	18mm 1세트(목), 12mm 2세트(팔), 15mm 2세트(다리)
기타	단추눈 4mm 2개, 돗바늘, 모헤어 솜, 송곳, 마커, 수성펜, 면봉, 패브릭 잉크 2색(츠키네코 벌사크래프트 #K16, #133), 시침핀, 겸자, 마감실, 펠트용 1구 바늘

실	CM필아트(CM Feelart) 베리에이션사 #VE12 그러데이션주황색, #VE07 그러데이션연두색, 랑(Lang) 레인포스먼트(Reinforcement) 꼭지실 #007 진청색, #159 주황색
바늘	막대바늘 1.5mm 4개
기타	돗바늘, 가위, 진주단추 4mm 3개

당근 준비물

실	랑 레인포스먼트 꼭지실 #159 주황색, CM필아트 베리에이션사 #VE05 그러데이션초록색
바늘	막대바늘 1.5mm 4개
기타	돗바늘, 가위, 양모(주황색), 겹자

바구니 준비물

실	아트 파이버 엔도(Art Fiber Endo, AFE) #914 벽돌색
바늘	막대바늘 1.5mm 4개
기타	돗바늘, 가위, 가방바닥판(또는 하드보드지), 목공풀, 수성펜, 시침핀

- 처음 코를 만들 때나 코막음을 할 때 실을 여유 있게 남긴다. 이 실은 돗바늘에 꿰어 마감하거나 각 부위를 연결할 때 필요하다.
- 뜨는 과정에 나오는 '겉', '안'은 '겉뜨기'와 '안뜨기'의 줄임말이다.
- 몸통과 귀는 세로무늬 배색(인타르시아)뜨기로 진행하는데, 연결 코가 느슨하면 구멍이 생기기 쉬우므로 주의해서 뜬다.

머리

～～～	1.75mm 막대바늘과 라임색 실을 써서 '일반코잡기'로 10코를 만든다(뒷머리부터).
1단	(안쪽 면) 안뜨기
2단	앞뒤로 늘리며 겉뜨기 10 (총 20코)
3단	안뜨기
4단	(겉 1, 앞뒤로 늘리며 겉뜨기 1)×10 (총 30코)
5~7단	안뜨기로 시작하는 메리야스뜨기 3단. 5단 첫코와 끝코에 마커 또는 별색 실로 표시.
8단	겉 3, (겉 2, 앞뒤로 늘리며 겉뜨기 1)×8, 겉 3 (총 38코)
9~15단	안뜨기로 시작하는 메리야스뜨기 7단. 15단 첫코와 끝코에 마커 또는 별색 실로 표시,
	16번째 코의 반코와 23번째 코의 반코에 마커 또는 별색 실로 표시(185쪽 '마커 거는 방법' 참조).
16단	겉 3, (2코 모아뜨기 1, 겉 4)×5, 2코 모아뜨기 1, 겉 3 (총 32코)
17~19단	안뜨기로 시작하는 메리야스뜨기 3단
20단	겉 2, (2코 모아뜨기 1, 겉 3)×6 (총 26코)
21~23단	안뜨기로 시작하는 메리야스뜨기 3단. 22단 9~10번째 코 사이, 17~18번째 코 사이에
	마커 또는 별색 실로 표시.
24단	(겉 2, 2코 모아뜨기 1)×6, 겉 2 (총 20코)
25~27단	안뜨기로 시작하는 메리야스뜨기 3단
28단	겉 1, (2코 모아뜨기 1, 겉 1)×6, 겉 1 (총 14코)
29단	안뜨기
30단	오른코 줄이기 1, 겉 1, (오른코 줄이기 1, 2코 모아뜨기 1)×2, 겉 1, 2코 모아뜨기 1 (총 8코)
～～～	바늘 1에 4코, 바늘 2에 4코 나눠서 겉면을 마주 대고 겉뜨기로 뜨면서 '덮어씌워 잇기'를 한다.

a, b 겉면을 마주 대고 겉뜨기로 뜨면서 덮어씌워 잇기

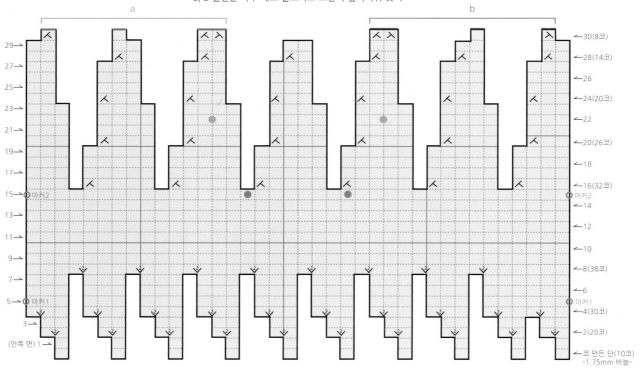

몸통

1.75mm 막대바늘과 라임색 실을 써서 '일반코잡기'로 12코를 만든다(몸통 아래쪽부터).

1단	(안쪽 면) 안뜨기
2단	앞뒤로 늘리며 겉뜨기 12 (총 24코)
3단	안뜨기
4단	(겉 1, 앞뒤로 늘리며 겉뜨기 1)×12 (총 36코)
5~7단	안뜨기로 시작하는 메리야스뜨기 3단. 5단 첫코와 끝코에 마커 또는 별색 실로 표시.
8단	겉 16, 흰색 실(바탕색 표시 X)을 연결하여 겉 4, 겉 16
9단	안 15, 안 6, 안 15
10단	겉 14, 겉 8, 겉 14. 9~10번째 코 사이, 27~28번째 코 사이에 마커 또는 별색 실로 표시.
11단	안 13, 안 10, 안 13
12단	겉 13, 겉 10, 겉 13
13~20단	11~12단 4회 반복
21단	11단과 동일
22단	(겉 2, 2코 모아뜨기 1, 겉 2)×2, 겉 1, 겉 1, 2코 모아뜨기 1, 겉 4, 2코 모아뜨기 1, 겉 1, 겉 1, (겉 2, 2코 모아뜨기 1, 겉 2)×2 (총 30코)
23단	안 11, 안 8, 안 11
24단	겉 11, 겉 8, 겉 11
25~28단	23~24단 2회 반복. 27단 8~9번째 코 사이, 22~23번째 코 사이에 마커 또는 별색 실로 표시.
29단	23단과 동일
30단	(겉 1, 2코 모아뜨기 1, 겉 2)×2, 겉 1, 겉 1, 2코 모아뜨기 1, 겉 2, 2코 모아뜨기 1, 겉 1, 겉 1, (겉 1, 2코 모아뜨기 1, 겉 2)×2 (총 24코)
31단	안 9, 안 6, 안 9. 31단 첫코와 끝코에 마커 또는 별색 실로 표시.
32단	겉 9, 겉 6, 겉 9
33~35단	31단 3회 반복
36단	2코 모아뜨기 12 (총 12코)

꼬리실을 15cm 이상 남기고 자른 다음 '돗바늘로 마무리'한다.

돗바늘로 마무리

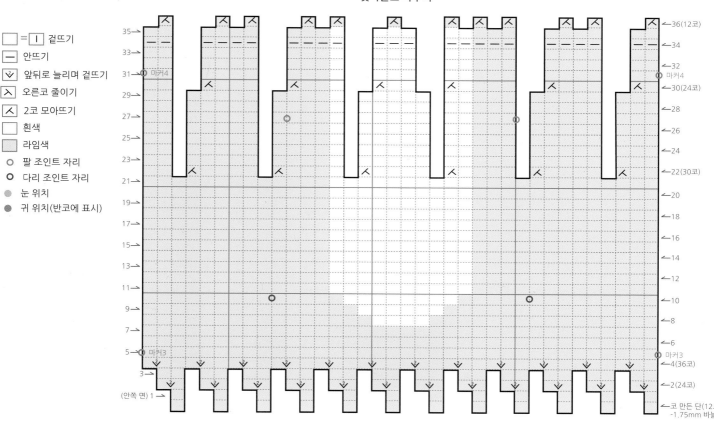

범례:
- □ = |〓 겉뜨기
- — 안뜨기
- ☒ 앞뒤로 늘리며 겉뜨기
- ⟍ 오른코 줄이기
- ⟋ 2코 모아뜨기
- □ 흰색
- ▨ 라임색
- ○ 팔 조인트 자리
- ◎ 다리 조인트 자리
- ● 눈 위치
- ● 귀 위치(반코에 표시)

몸통과 귀는 배색실로 무늬를 넣는 세로무늬 배색뜨기를 하여 투톤으로 표현한다.
바탕실과 배색실을 교차할 때 코가 느슨하면 구멍이 생길 수 있으므로 실을 당기면서 뜬다.
아래 설명에서 a실은 바탕실, b실은 배색실이다.

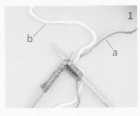  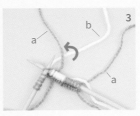

(겉뜨기 단) 배색실로 떠야할 코 앞에서 b실이 a실 위로 놓이도록 사진과 같이 교차시킨다.

배색할 코에 바늘을 넣어 b실로 겉뜨기한다.

바탕실로 떠야할 코 앞에서 a실을 b실 위로 교차시키고, a실로 겉뜨기한다.

  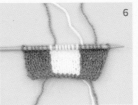 

(안뜨기 단) 배색실로 떠야할 코 앞에서 b실이 a실 위로 놓이도록 교차시키고, b실로 안뜨기한다.

바탕실로 떠야할 코 앞에서 a실을 b실 위로 교차시키고, a실로 안뜨기한다.

세로무늬 배색뜨기를 진행한 겉면.

세로무늬 배색뜨기를 진행한 안쪽면.

팔

---------- **왼쪽 팔**

~~~ 1.75mm 막대바늘과 라임색 실을 써서 '일반코잡기'로 8코를 만든다(팔 몸쪽부터).

1단   (앞뒤로 늘리며 겉뜨기 1, 겉 2, 앞뒤로 늘리며 겉뜨기 1)×2 (총 12코)

2단   안뜨기

3단   (앞뒤로 늘리며 겉뜨기 1, 겉 4, 앞뒤로 늘리며 겉뜨기 1)×2 (총 16코)

4~8단   안뜨기로 시작하는 메리야스뜨기 5단. 5단 첫코와 끝코에 마커 또는 별색 실로 표시.

9단   (오른코 줄이기 1, 겉 4, 2코 모아뜨기 1)×2 (총 12코)

10~14단   안뜨기로 시작하는 메리야스뜨기 5단

15단   (오른코 줄이기 1, 겉 2, 2코 모아뜨기 1)×2 (총 8코)

16~20단   안뜨기로 시작하는 메리야스뜨기 5단. 19단 첫코와 끝코에 마커 또는 별색 실로 표시.

21단   겉 4, 흰색 실(바탕색 표시 X)을 연결하여 겉 4

22단   안 4, 안 4

23~24단   21~22단과 동일

~~~ 바늘 1에 4코, 바늘 2에 4코 나눠서 겉면을 마주 대고 겉뜨기로 뜨면서 '덮어씌워 잇기'를 한다.

---------- **오른쪽 팔**

1~20단   왼쪽 팔 1~20단과 동일하게 뜬다.

21단   흰색 실(바탕색 표시 X)을 연결하여 겉 4, 겉 4

22단   안 4, 안 4

23~24단   21~22단과 동일

~~~ 바늘 1에 4코, 바늘 2에 4코 나눠서 겉면을 마주 대고 겉뜨기로 뜨면서 '덮어씌워 잇기'를 한다.

왼쪽 팔

a, b 겉면을 마주 대고 겉뜨기로 뜨면서 덮어씌워 잇기

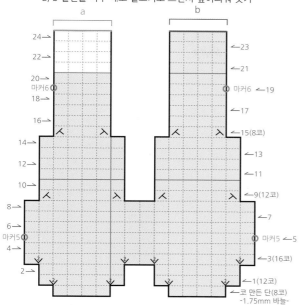

오른쪽 팔

a, b 겉면을 마주 대고 겉뜨기로 뜨면서 덮어씌워 잇기

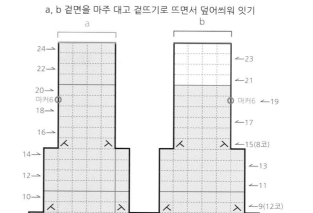

a, b 겉면을 마주 대고 겉뜨기로 뜨면서 덮어씌워 잇기

다리×2

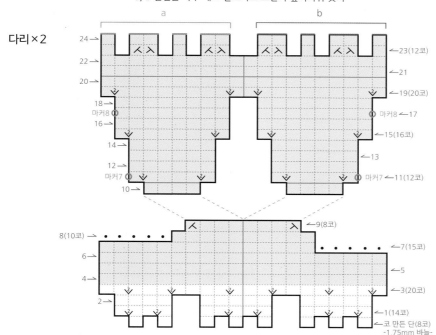

☐ = ｜ 겉뜨기	
☒	앞뒤로 늘리며 겉뜨기
☒	2코 모아뜨기
☒	오른코 줄이기
•	겉뜨기로 코막음
☐	흰색
☐	라임색

다리

~~~~~~ 1.75mm 막대바늘과 흰색 실(바탕색 표시 X)을 써서 '일반코잡기'로 8코를 만든다(발바닥부터).

1단 (앞뒤로 늘리며 겉뜨기 2, 겉 1)×2, 앞뒤로 늘리며 겉뜨기 2 (총 14코)

2단 안뜨기

3단 (앞뒤로 늘리며 겉뜨기 1, 겉 1)×2, 겉 1, (앞뒤로 늘리며 겉뜨기 1, 겉 1)×2, 겉 1, (앞뒤로 늘리며 겉뜨기 1, 겉 1)×2 (총 20코)

4~6단 라임색 실을 연결하여 안뜨기로 시작하는 메리야스뜨기 3단

7단 겉뜨기로 코막음 5코, 겉 15 (총 15코)

8단 안뜨기로 코막음 5코, 안 10 (총 10코)

9단	오른코 줄이기 1, 겉 6, 2코 모아뜨기 1 (총 8코)
10단	안뜨기
11단	앞뒤로 늘리며 겉뜨기 1, 겉 2, 앞뒤로 늘리며 겉뜨기 2, 겉 2, 앞뒤로 늘리며 겉뜨기 1
	첫코와 끝코에 마커 또는 별색 실로 표시. (총 12코)
12~14단	안뜨기로 시작하는 메리야스뜨기 3단
15단	앞뒤로 늘리며 겉뜨기 1, 겉 4, 앞뒤로 늘리며 겉뜨기 2, 겉 4, 앞뒤로 늘리며 겉뜨기 1 (총 16코)
16~18단	안뜨기로 시작하는 메리야스뜨기 3단. 17단 첫코와 끝코에 마커 또는 별색 실로 표시.
19단	앞뒤로 늘리며 겉뜨기 1, 겉 6, 앞뒤로 늘리며 겉뜨기 2, 겉 6, 앞뒤로 늘리며 겉뜨기 1 (총 20코)
20~22단	안뜨기로 시작하는 메리야스뜨기 3단
23단	겉 1, (오른코 줄이기 1, 2코 모아뜨기 1, 겉 1, 오른코 줄이기 1, 2코 모아뜨기 1)×2, 겉 1 (총 12코)
24단	안뜨기
～～～	바늘 1에 6코, 바늘 2에 6코 나눠서 겉면을 마주 대고 겉뜨기로 뜨면서 '덮어씌워 잇기'를 한다.
	같은 방법으로 다리 1개를 더 뜬다.

귀		
～～～	1.75mm 막대바늘과 라임색 실을 써서 '일반코잡기'로 18코를 만든다 (귀 몸쪽부터).
1단	겉 6, 흰색 실(바탕색 표시X)을 연결하여 겉 6, 겉 6
2단	안 6, 안 6, 안 6
3단	겉 6, 겉 6, 겉 6
4~5단	2~3단과 동일
6단	2단과 동일
7단	겉 5, 끌어올려 겉뜨기로 늘리기 1, 겉 1, 겉 1, 끌어올려 겉뜨기로 늘리기 1, 겉 4,
	끌어올려 겉뜨기로 늘리기 1, 겉 1, 겉 1, 끌어올려 겉뜨기로 늘리기 1, 겉 5 (총 22코)
8단	안 7, 안 8, 안 7
9단	겉 7, 겉 8, 겉 7
10~17단	8~9단 4회 반복
18단	8단과 동일
19단	겉 4, 2코 모아뜨기 1, 겉 1, 오른코 줄이기 1, 겉 4, 2코 모아뜨기 1, 겉 1, 오른코 줄이기 1, 겉 4 (총 18코)
20단	안 6, 안 6, 안 6
21단	겉 6, 겉 6, 겉 6
22단	20단과 동일
23단	겉 3, 2코 모아뜨기 1, 겉 1, 오른코 줄이기 1, 겉 2, 2코 모아뜨기 1, 겉 1, 오른코 줄이기 1, 겉 3 (총 14코)
24단	안 2, 안뜨기로 오른코 줄이기 1, 안 1, 안뜨기로 2코 모아뜨기 1, 안뜨기로 오른코 줄이기 1,
	안 1, 안뜨기로 2코 모아뜨기 1, 안 2 (총 10코)
25단	겉뜨기
～～～	바늘 1에 5코, 바늘 2에 5코 나눠서 겉면을 마주 대고 겉뜨기로 뜨면서 "덮어씌워 잇기'를 한다.
	같은 방법으로 귀 1개를 더 뜬다.

꼬리		
～～～	1.75mm 막대바늘과 흰색 실을 써서 '일반코잡기'로 8코를 만든다 (꼬리 몸쪽부터).
	'루프뜨기'(57쪽 설명 참조)를 할 때는 루프 길이를 1cm로 맞춘다.
1단	겉 1, 루프뜨기 6, 겉 1
2단	겉뜨기
3단	1단과 동일
4단	앞뒤로 늘리며 겉뜨기 1, 겉 6, 앞뒤로 늘리며 겉뜨기 1 (총 10코)
5단	겉 1, 루프뜨기 8, 겉 1
6단	앞뒤로 늘리며 겉뜨기 1, 겉 8, 앞뒤로 늘리며 겉뜨기 1 (총 12코)
7단	겉 1, 루프뜨기 10, 겉 1
8단	겉뜨기

9단	7단과 동일
10단	2코 모아뜨기 6 (총 6코)

꼬리실을 15cm 이상 남기고 자른 다음 '돗바늘로 마무리'한다.

기호 설명:

- □ = |I| 겉뜨기
- — 안뜨기
- ⤋ 앞뒤로 늘리며 안뜨기
- 人 2코 모아뜨기
- ⋏ 안뜨기로 2코 모아뜨기
- ⟋ 오른코 줄이기
- U 루프뜨기
- ℓ 끌어올려 걸뜨기로 늘리기
- □ 흰색
- ▨ 라임색

귀×2

a, b 겉면을 마주 대고 겉뜨기로 뜨면서 덮어씌워 잇기

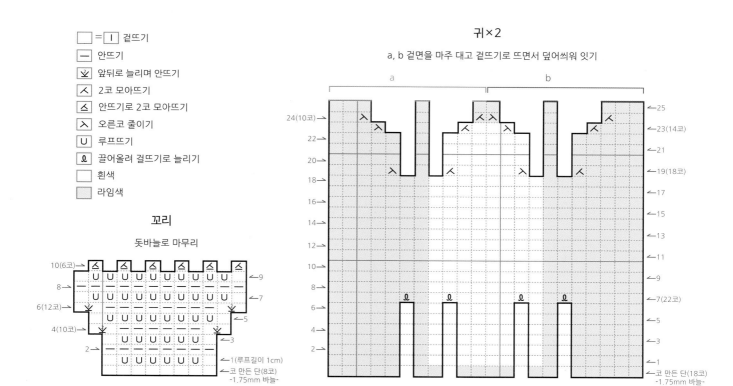

꼬리

돗바늘로 마무리

루프뜨기

1
겉뜨기하듯 오른쪽 바늘을 넣고 실을 감아 코의 바깥으로 빼내고, 왼쪽 바늘은 빼지 않는다('앞뒤로 늘리며 겉뜨기'와 같은 방법).

2
바늘과 바늘 사이 앞쪽으로 실을 가져온다.

3
원하는 길이(여기서는 1cm)로 고리를 만들고 실을 뒤로 보낸다.

4
고리가 당겨지지 않도록 왼쪽 엄지와 검지로 꼭 잡은 다음, 왼쪽 바늘에 남아 있는 코의 뒤쪽으로 오른쪽 바늘을 넣어 겉뜨기한다.

5
오른쪽 바늘에 '앞뒤로 늘리며 겉뜨기'를 한 것처럼 2코가 만들어진다.

6
왼쪽 바늘을 써서 오른쪽 바늘 뒤에 있는 코로 앞에 있는 코를 덮어씌운다.

7
루프뜨기 하나를 완성한 모습.

8
1~7번 과정을 반복하여 루프뜨기 한 단을 완성한 모습.

· 전체 조립과정은 인형 만들기의 기초(192~199쪽)를 따라 진행하되, 토끼의 특성에 맞게 달리 작업해야 할 부분에 유의한다.

· 과정 사진에서는 알아보기 쉽도록 굵은 실을 사용했다.

· 스티치 그림에서 홀수 번호는 바늘이 나오는 곳, 짝수 번호는 바늘이 들어가는 곳이다.

◆ 부위별 마무리 ~ 눈 달기

1

2

1 인형 만들기의 기초 '1. 부위별 마무리'에서 '2. 조인트 넣기'까지 진행한다.
2 다음으로 '3. 솜 넣기', '4. 눈 달기'까지 진행하고, 인중, 입, 속눈썹 위치를 수성펜으로 표시한다.

◆ 코, 인중, 입, 속눈썹 스티치

1

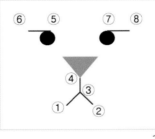
2

3

1 코: '곰돌이 조립하기> 코, 인중, 입 스티치' 2~3번(22~23쪽)을 참조해 석류색 실로 수를 놓는다.
2 인중과 입: 진갈색 자수실 한 가닥으로 ①~④번까지 '플라이 스티치'('곰돌이 조립하기> 코, 인중, 입 스티치' 4~8번 참조)를 한 다음, 매듭을 짓지 않고 이어서 ⑤~⑧까지 '스트레이트 스티치'를 한다.
3 바늘을 머리의 창구멍으로 통과시켜 매듭을 짓고 실을 자른다. 완성한 모습.

◆ 꼬리 달기

1

2

3

4

1 꼬리 윗부분의 꼬리실을 돗바늘에 꿰어 '가터 잇기'로 솔기를 연결하고 겸자로 꼬리에 솜을 조금 넣는다.

2 몸통 뒤 아래쪽 중심에 꼬리의 코 만든 부분을 맞대고 시침핀으로 고정한다.

3 꼬리의 코 만든 부분에 달린 꼬리실을 돗바늘에 꿰어, '코와 코 잇기'로 몸통에 연결하고, 남은 실은 몸통 안쪽으로 통과시킨 후 잘라 마무리한다.

4 루프뜨기를 한 코마다 펠트용 1구 바늘을 찔러서 동그랗게 다듬는다.

5 완성한 모습.

펠트용 바늘 사용법2-토끼 꼬리

◆ 귀 달기

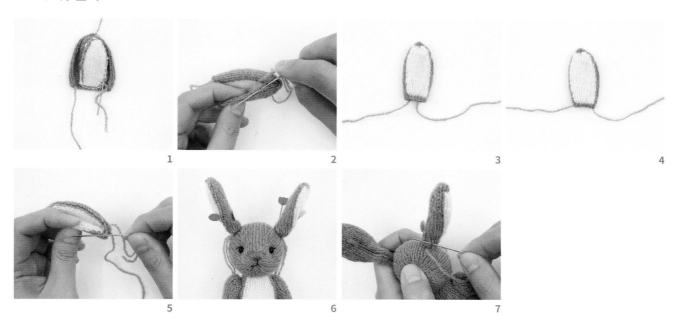

1 귀 윗부분과 아랫부분의 꼬리실 외에 배색 과정에 남은 실들은 돗바늘에 꿰어 안쪽으로 정리한다 (192쪽 '1. 부위별 마무리 > 머리' 1번 사진 참조).

2 귀 윗부분의 꼬리실을 돗바늘에 꿰어 '메리야스 잇기'로 솔기를 연결한다.

3 2번까지 진행하면 솔기 아래쪽에 꼬리실 2가닥이 나란히 모인다.

4 솔기를 뒤쪽 가운데로 두고 한 가닥은 왼쪽 방향으로, 다른 한 가닥은 오른쪽 방향으로 각각 감침질한다.

5 귀를 흰색 면이 안쪽에 오도록 반으로 접고, 양쪽 가장자리 아랫부분 3단을 '메리야스 잇기'로 연결한다.

6 머리 차트 도안을 참조해 머리의 귀 위치에 시침핀으로 귀를 고정하고(귀 안쪽이 살짝 앞에서 보이게 붙인다), 수성펜으로 바느질 선을 그린다.

7 귀의 맨 아랫단 코와 머리에 표시해 놓은 바느질 선을 '메리야스 잇기'로 연결한다(인형을 돌려가며 작업하면 수월하다). 실이 보이지 않게 바짝 당기면서 바느질하고, 남은 실은 머리 창구멍으로 통과시켜 매듭을 짓고 실을 자른다. 같은 방법으로 반대쪽 귀도 단다.

◆ 머리 창구멍 닫기 ~ 얼굴 생동감 표현

1 인형 만들기의 기초 '5. 머리 창구멍 닫기'와 '6. 수성펜 지우기'를 진행한다. 다음으로 '8. 얼굴 생동감 표현'(199쪽)을 참조하여 K16번 패브릭잉크를 눈 테두리와 눈썹 라인에, 133번 패브릭잉크를 양 볼과 귀 안쪽에 살살 바른다.

1

1.5mm 막대바늘과 그러데이션주황색 실을 써서 '일반코잡기'로 36코를 만든다.

1단	겉 32, 2코 모아뜨기 1, 바늘비우기 1, 겉 2
2~3단	겉뜨기 2단
4단	진청색 실(바탕색 표시X)을 연결하여 겉 4, 안 13, 나머지 19코는 다른 바늘에 걸어 '쉼코 1'로 두고 17코만으로 뜬다(62쪽 '당근케이프 뜨는 순서' 참조).

---------- 오른쪽

5단	겉 1, (겉 1, 앞뒤로 늘리며 겉뜨기 1)×5, 겉 6 (총 22코)
6단	겉 4, 안 18
7단	겉 1, (겉 2, 앞뒤로 늘리며 겉뜨기 1)×5, 겉 6 (총 27코)
8단	겉 4, 안 3, 그러데이션연두색 실을 연결하여 (안 1, 안 1)×6, (안 1, 안 1)×2, 안 4
9단	겉 5, 겉 1, 겉 2, 앞뒤로 늘리며 겉뜨기 1, (겉 1, 겉 1, 겉 1, 앞뒤로 늘리며 겉뜨기 1)×3, 겉 6 (총 31코
10단	겉 4, 안 4, 주황색 실을 연결하여 안 3, (안 2, 안 3)×2, 안 3, 안 3, 안 2, 안뜨기로 오른코 줄이기 1 (총
11단	(겉 3, 겉 3)×2, (겉 2, 겉 3)×2, 겉 8
12단	겉 4, 안 4, (안 3, 안 2)×3, 안 1, 안 3, 안 3
13단	겉 4, 겉 1, 겉 3, 앞뒤로 늘리며 겉뜨기 1, (겉 1, 겉 1, 겉 2, 앞뒤로 늘리며 겉뜨기 1)×3, 겉 6 (총 34코
14단	겉 4, 안 6, (안 1, 안 5)×3, 안 1, 안 1, 안 4
15단	겉뜨기
16단	겉 4, 안 28, 안뜨기로 오른코 줄이기 1 (총 33코)

33코는 바늘에 걸어 '쉼코 2'로 둔다(케이프 오른쪽 부분).

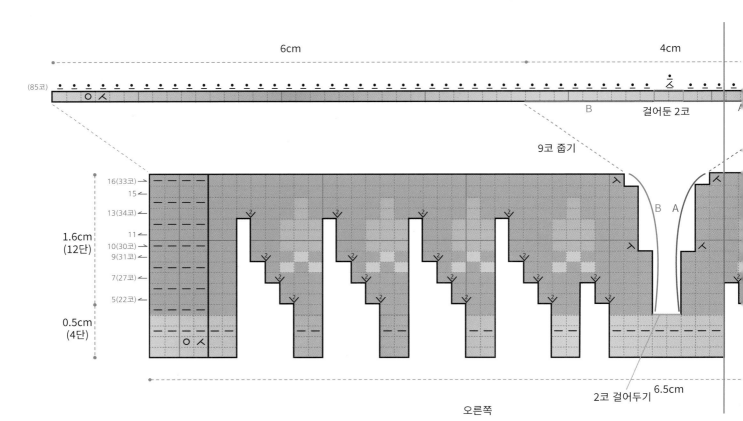

오른쪽

---------- **중앙**

차트 도안을 참조하여 쉼코 1(19코)에서 2코는 마커에 걸어둔다.

---------- **왼쪽**

안쪽 면이 보이게 놓고 새 실(진청색 실)을 걸어 뜨기 시작한다.

4단	안 13, 겉 4
5단	겉 4, (겉 1, 앞뒤로 늘리며 겉뜨기 1)×5, 겉 3 (총 22코)
6단	안 18, 겉 4
7단	겉 4, (겉 2, 앞뒤로 늘리며 겉뜨기 1)×5, 겉 3 (총 27코)
8단	안 4, 안 1, (안 1, 안 1)×7, 안 4, 겉 4
9단	겉 7, 앞뒤로 늘리며 겉뜨기 1, (겉 1, 겉 1, 겉 1, 앞뒤로 늘리며 겉뜨기 1)×3, 겉 1, 겉 1, 겉 5 (총 31코)
10단	안뜨기로 2코 모아뜨기 1, 안 2, 안 3, (안 2, 안 3)×3, 안 5, 겉 4 (총 30코)
11단	겉 9, (겉 3, 겉 2)×4, 겉 1
12단	안 1, (안 2, 안 3)×4, 안 5, 겉 4
13단	겉 8, 앞뒤로 늘리며 겉뜨기 1, (겉 1, 겉 1, 겉 2, 앞뒤로 늘리며 겉뜨기 1)×3, 겉 1, 겉 1, 겉 4 (총 34코)
14단	안 4, (안 1, 안 5)×4, 안 2, 겉 4
15단	겉뜨기
16단	안뜨기로 2코 모아뜨기 1, 안 28, 겉 4 (총 33코)
17단	겉 33, '당근케이프 뜨는 순서(62쪽)' 그림을 참조하여 9코를 줍고, 마커에 걸어둔 2코를 바늘에 걸어 겉 2, 그림을 참조하여 9코를 줍고, 쉼코 2(33코)에 겉 29, 2코 모아뜨기 1, 바늘비우기 1, 겉 2 (총 86코)
∿∿∿	42코를 느슨하게 '겉뜨기로 코막음'한 다음 '2코 모아뜨기' 1코를 하고 덮어씌워 코막음, 다시 42코를 느슨하게 '겉뜨기로 코막음'한다.

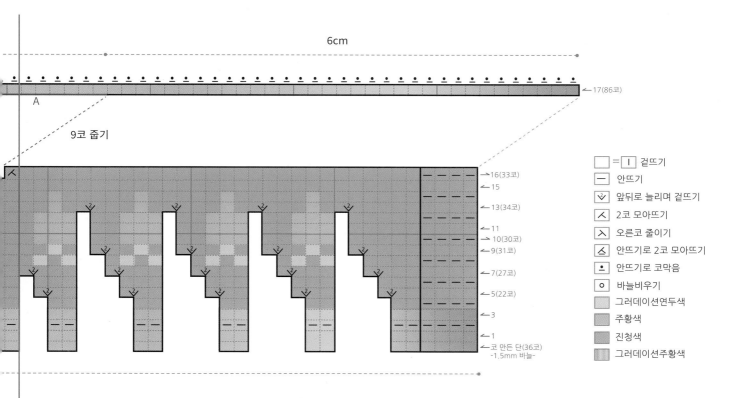

6cm

←17(86코)

A

9코 줍기

←16(33코)
←15
←13(34코)
←11
→10(30코)
←9(31코)
←7(27코)
←5(22코)
←3
←1
←코 만든 단(36코)
-1.5mm 바늘-

☐	=Ⅰ	겉뜨기
⊟		안뜨기
⊻		앞뒤로 늘리며 겉뜨기
⋌		2코 모아뜨기
⋋		오른코 줄이기
⋌		안뜨기로 2코 모아뜨기
∙		안뜨기로 코막음
○		바늘비우기
☐		그러데이션연두색
☐		주황색
☐		진청색
☐		그러데이션주황색

왼쪽

당근케이프 뜨는 순서

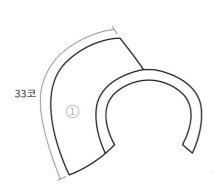

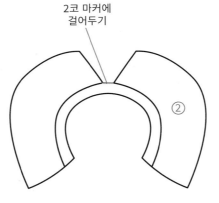

2코 마커에
걸어두기

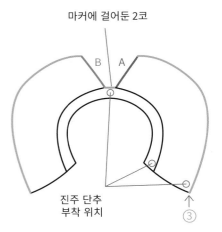

마커에 걸어둔 2코

진주 단추
부착 위치

33코

1. 케이프 오른쪽(①)을 뜨고 33코를
　바늘에 걸어둔다.

2. 2코를 마커에 걸어둔다.
3. 새 실을 걸어 케이프 왼쪽(②)을
　뜬다.

4. 17단(③)은 그러데이션주황색 실을 걸어서 33코를 뜬▮
5. 'A' 부분에서 9코를 줍는다.
6. 마커에 걸어둔 2코를 바늘에 걸어서 걸어 겉뜨기한다.
7. 'B' 부분에서 9코를 줍는다.
8. 바늘에 걸어둔 33코를 도안대로 뜨고 느슨하게 코막음을▮

마무리

1　스팀다리미로 저온에서 다림질 후 남은 실들은 돗바늘에 꿰어 안쪽에서 올 사이로 숨기고 잘라 정리한다.
2　단춧구멍 위치에 맞춰 진주단추를 달고, 케이프 가운데에도 진주단추를 단다.

how to make

당근 뜨기

～～～～	1.5mm 막대바늘과 주황색 실(바탕색 표시 X)을 써서 '원형뜨기'로 3코를 만든다(당근 아래쪽부터).
1단	앞뒤로 늘리며 겉뜨기 3 (총 6코)
2단	겉뜨기. 이후 12단까지 짝수 단 동일
3단	(겉 1, 앞뒤로 늘리며 겉뜨기 1)×3 (총 9코)
5단	(겉 2, 앞뒤로 늘리며 겉뜨기 1)×3 (총 12코)
7단	(겉 3, 앞뒤로 늘리며 겉뜨기 1)×3 (총 15코)
9단	(겉 4, 앞뒤로 늘리며 겉뜨기 1)×3 (총 18코)
11단	(겉 1, 2코 모아뜨기 1)×6 (총 12코)
13단	2코 모아뜨기 6 (총 6코)
14단	그러데이션초록색 실을 연결하여 겉뜨기
15단	겉 2, 나머지 4코는 2코씩 나눠 마커1, 마커2에 걸어 두고 2코만으로 뜬다.
16~19단	2코 아이코드뜨기 4단
	실을 15cm 이상 남기고 자른 다음 '돗바늘로 마무리'한다.
	마커1(2코)의 첫코에 새 실(그러데이션초록색 실)을 걸어 뜨기 시작한다.

2코 아이코드뜨기 5단
실을 15cm 이상 남기고 자른 다음 '돗바늘로 마무리'한다.
마커 2의 2코도 아이코드뜨기 5단을 하고, 실을 15cm 이상 남기고 자른 다음 '돗바늘로 마무리'한다.
~~~~ 같은 방법으로 당근 4개를 뜬다.

당근×4

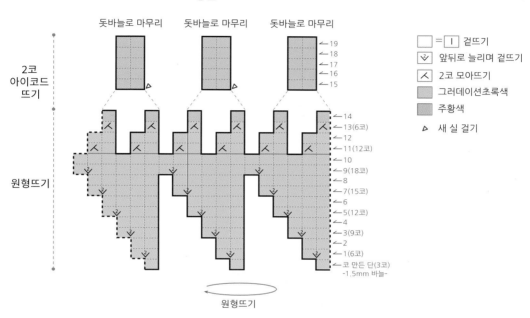

마무리

1   당근에 주황색 양모를 조금 넣는다.

    TIP. 인형이나 인형 소품에는 속에 솜을 넣게 되는데, 편물이 느슨하면 속의 흰 솜이 보일 수 있다.
    솜 대신 실 색상과 비슷한 양모를 넣으면 속이 비쳐도 걱정이 없다.

2   '돗바늘로 마무리'를 하고 남은 초록색 실은 돗바늘에 꿰어 당근 몸통 안쪽으로 통과시킨 다음
    실을 잘라 정리한다.

3   코 만든 부분의 꼬리실로 '감침질하고 돗바늘로 마무리'를 하고 실을 당긴다(사진).
    이어 바늘을 당근 안쪽으로 통과시켜 매듭을 지은 후 실을 잘라 당근 안쪽으로 감춘다.

바구니 뜨기

〰	1.5mm 막대바늘과 벽돌색 실을 써서 '원형코잡기'로 24코를 만든다(바구니 바닥부터).
1단	겉뜨기
2단	앞뒤로 늘리며 겉뜨기 3, 겉 6, 앞뒤로 늘리며 겉뜨기 6, 겉 6, 앞뒤로 늘리며 겉뜨기 3 (총 36코)
3단	겉뜨기
4단	(겉 1, 앞뒤로 늘리며 겉뜨기 1)×3, 겉 6, (겉 1, 앞뒤로 늘리며 겉뜨기 1)×6, 겉 6, (겉 1, 앞뒤로 늘리며 겉뜨기 1)×3 (총 48코)
5~6단	안뜨기 2단
7~8단	안 4, (겉 3, 안 5)×5, 겉 3, 안 1
9~10단	(겉 3, 안 5)×6
11~14단	7~10단과 동일. 이어서 평면으로 뜬다(아래 15~20단 '되돌아뜨기' 방법은 116~117쪽 '다람쥐 뜨기 > 팔 > 팔꿈치 되돌아뜨기 단' 참조).
15단	안 4, 겉 3, 안 5, 겉 3, 안 3, ②실을 뒤로 보내고, 다음 코를 뜨지 않고 오른쪽 바늘로 옮긴다. 실을 앞으로 보내고, 오른쪽 바늘에 있던 코를 다시 왼쪽 바늘로 옮긴다. 뜨개판을 돌린다.
16단	겉 3, 안 3, 겉 5, 안 1, ②
17단	안 2, 겉 3, 안 3, ②
18단	겉 3, 안 1, ②
19단	안 2, 겉 2, ③왼쪽 바늘 첫코(A) 밑에 걸려 있는 코를 끌어올리고, A에 겉뜨기 방향으로 바늘을 넣고 실을 걸어 A와 끌어올린 코를 한꺼번에 겉뜨기 1, 안 1, 겉 2, ③, 안 1, (겉 3, 안 5)×2, 겉 3, 안 3, ②
16단	겉 3, 안 3, 겉 5, 안 1, ②
17단	안 2, 겉 3, 안 3, ②
18단	겉 3, 안 1, ②
19단	안 2, 겉 2, ③, 안 1, 겉 2, ③, 안 1, 겉 3, 안 1 이어서 '원형뜨기'를 한다.
20단	안 5, ④왼쪽 바늘 첫코(A) 밑에 걸려 있는 코를 끌어올려 왼쪽 바늘에 건 다음, 끌어올린 코와 A를 한꺼번에 안뜨기 1, 안 3, ④, 안 19, ④, 안 3, ④, 안 14
〰	'안뜨기로 코막음'을 한다.

(끈)	〰	1.5mm 막대바늘과 벽돌색 실을 써서 '일반코잡기'로 3코를 만든다. 이때 꼬리실은 15cm 이상 남긴다.
	1~6단	3코 아이코드뜨기 6단 실을 자르고 코는 바늘에 걸어둔다(1번 끈).
	〰	다른 1.5mm 막대바늘과 벽돌색 실을 써서 같은 방법으로 끈 하나를 더 뜨는데, 이번에는 실을 자르지 않고 코를 바늘에 걸어둔다(2번 끈).
(끈 연결)	〰	2번 끈의 코와 1번 끈의 코를 이어서 뜨며 연결한다.
	7단	겉 2, 2번 끈의 끝코와 1번 끈의 첫코로 2코 모아뜨기 1, 겉 2, 편물을 바늘의 반대편 끝쪽으로 밀어 보낸다. (총 5코)
	8~15단	5코 아이코드뜨기 8단
	16단	겉 3, 끌어올려 겉뜨기로 늘리기 1, 겉 2, 편물을 바늘의 반대편 끝쪽으로 밀어 보낸다. (총 6코)
	17단	겉 3, 나머지 3코는 다른 바늘에 걸어 쉼코로 두고 3코로만 뜬다.
	18~22단	3코 아이코드뜨기 5단. 꼬리실을 15cm 이상 남기고 자른 다음 '돗바늘로 마무리'한다.

쉼코(3코)에 새 실을 걸어 뜨기 시작한다.

17~22단 3코 아이코드뜨기 6단

〜〜〜 꼬리실을 15cm 이상 남기고 자른 다음 '돗바늘로 마무리'한다.

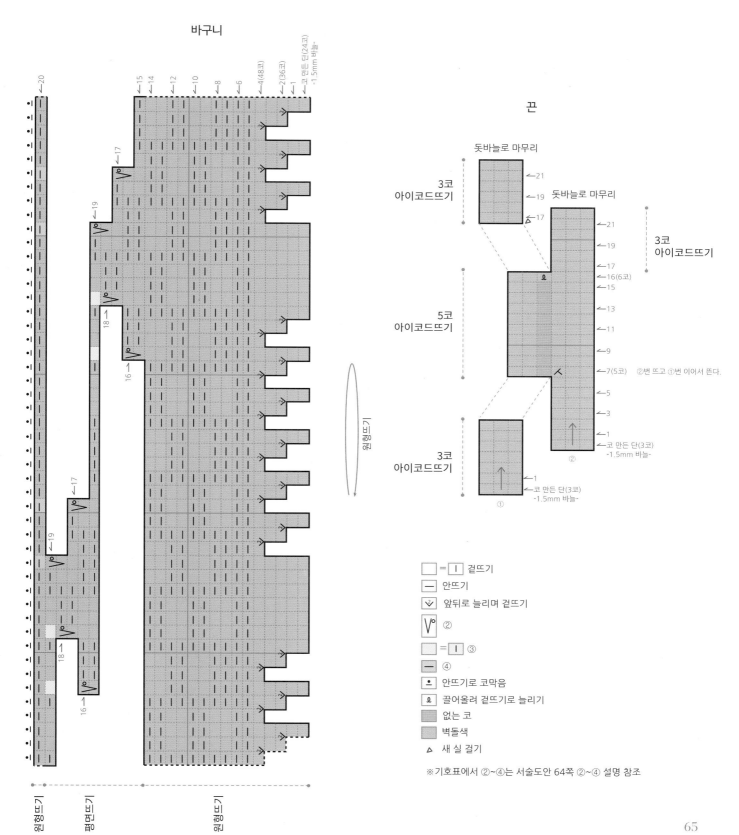

바구니

끈

돗바늘로 마무리

3코
아이코드뜨기

돗바늘로 마무리

3코
아이코드뜨기

5코
아이코드뜨기

②번 뜨고 ①번 이어서 뜬다.

3코
아이코드뜨기

□＝[I] 겉뜨기

□ ＝ 안뜨기

Ⅴ 앞뒤로 늘리며 겉뜨기

Ⅴ° ②

□ ＝[I] ③

□ ＝ ④

● 안뜨기로 코막음

ℓ 끌어올려 겉뜨기로 늘리기

없는 코

벽돌색

△ 새 실 걸기

※기호표에서 ②~④는 서술도안 64쪽 ②~④ 설명 참조

마무리

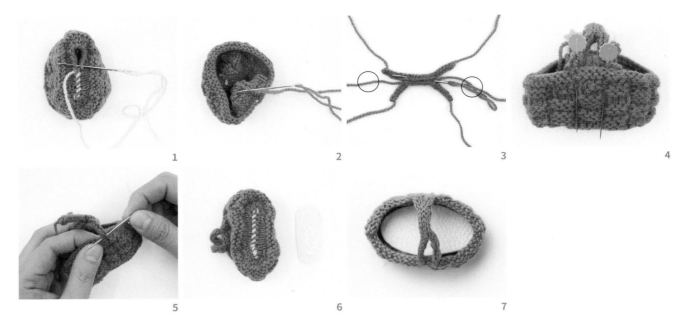

1
2
3
4

5
6
7

1 바구니 바닥의 구멍을 세로로 접어 코 만든 부분의 꼬리실(사진에서는 이해하기 쉽도록 다른 색 실로
   표현)을 돗바늘에 꿰어 감침질한다.

2 코막음한 실은 돗바늘에 꿰어 바구니 안쪽으로 정리한다.

3 바구니 끈 중간의 실(사진에 ○표시해 놓은 실)은 돗바늘에 꿰어 끈 안쪽으로 통과시키고 잘라 정리한다.

4 바구니 끈을 달 위치는 사진을 참조하여 시침핀으로 고정한 후 수성펜으로 표시한다.

5 바구니 끈의 실(코 만든 부분이나 코 마무리한 부분의 꼬리실)을 돗바늘에 꿰어 끈과 바구니를
   '코와 코 잇기'로 연결하고, 남은 실은 바구니 안쪽으로 정리한다.

6 가방바닥판(또는 하드보드지)을 바구니 바닥 모양과 크기에 맞게 잘라서 목공풀을 바르고
   바구니 안쪽 바닥에 붙인다.

7 완성한 모습.

실과 바늘만 바꾸면 인형들을 담는
큰 바구니도 뜰 수 있다.

finishing

전체 마무리

토끼에게 당근케이프를 입히고 바구니에 당근을 담는다.

information _____

응응 토끼

왕커서 왕커여운 '왕큰 토끼'를 만들어 볼까요? 나란한 두 토끼의 비모 사진만 봐도
치명적인 귀여움이 뿍뿍 묻어나죠. 사람이 쩨도 될 만큼 큰 바구니도 함께 만들어 보세요.

왕큰 토끼

크기	33cm
바늘	막대바늘 3.5mm 4개
하드보드 조인트	35mm 1세트(목), 30mm 2세트(팔), 40mm 2세트(다리)
실	로완(Rowan) 소프트 부클(Soft Boucle) #600 스노색(토끼 도안의 라임색 실 및 배와 꼬리의 흰색 실 대체), #601 연분홍색(토끼 도안 귀의 흰색 실 대체)
눈	단추눈 6.0mm 2개

큰 바구니

크기	바닥 13.cm, 높이 14cm(끈 포함)
바늘	막대바늘 6.0mm 4개
실	리네아(Linea) 미소(Miso) #702 베이지색(2가닥 사용)

how to make _____

바꾼 실과 바늘, 조인트를 준비하고, 기존 도안대로 뜨고 조립해 완성하면 된다. '왕큰 토끼'는
몸 전체를 스노색 실로, 귀 안쪽은 연분홍색 실로 뜬다.

얼굴과 손발 스티치

1 코는 기존 토끼 코와 동일하게 수놓고, 인중과 입, 속눈썹은
   진갈색 자수실 두 가닥으로 수놓는다.
2 코 오른쪽 위 포인트 스티치: 진갈색 자수실 한 가닥을 긴 돗바늘에
   꿰어 매듭지은 후, 머리 창구멍을 통해 바늘을 ①로 보내고
   ④번까지 '스트레이트 스티치'를 한다(홀수 번호는 바늘이 나오는
   곳, 짝수 번호는 바늘이 들어가는 곳이다).
3 바늘을 머리의 창구멍으로 통과시켜 실을 매듭 짓고 잘라 정리한다.
4 손끝, 발끝 스티치: '곰돌이 조립하기 > 손, 발 스티치'(24쪽)를 참조해
   진갈색 자수실 두 가닥으로 스티치한다.

Deer Knitting Pattern

사슴

큰 버섯 바늘꽂이 옆에서 가위와 줄자를 들고 바느질 삼매경에 빠진 사슴 커플입니다. 지난 크리스마스 즈음에는
신나게 썰매를 끌지 않았을까요? 버섯케이프와 가방, 버섯의 색감 때문인지, 벌써 크리스마스 분위기도 느껴져요.

크기

사슴	13cm
버섯케이프	밑단 둘레 16cm, 길이 2.3cm
버섯가방	7.5cm(가방끈 포함)
큰 버섯	7cm

게이지

사슴	메리야스뜨기 50코×60단
버섯케이프	메리야스뜨기 55코×75단

사슴 준비물

실	산네스 간(Sandnes Garn) 틴 실크 모헤어(Tynn Silk Mohair) #2543 브라운색(2가닥 사용), 몬디알(Mondial) 키드 모헤어(Kid Mohair) #501 밝은베이지색(2가닥 사용), #586 다크브라운색(2가닥 사용)
	뿔, 코 – 아인반트(Einband) #0867 초콜릿색
	인중, 눈썹 – 자수실 진갈색
바늘	막대바늘 1.75mm 4개
하드보드 조인트	18mm 1세트(목), 12mm 2세트(팔), 15mm 2세트(다리)
기타	단추눈 4mm 2개, 돗바늘, 모헤어솜, 송곳, 마커, 수성펜, 면봉, 패브릭 잉크 2색(츠키네코 벌사크래프트 #K16, #133), 시침핀, 겸자, 기모브러시, 마감실

버섯케이프 준비물

실	CM필아트(CM Feelart) 베리에이션사 #VE18 그러데이션빨간색, #VE14 그러데이션베이지색, 랑(Lang) 레인포스먼트(Reforcement) 꼭지실 #098 진초록색, #060 빨간색
바늘	막대바늘 1.5mm 4개
기타	돗바늘, 가위, 진주단추 4mm 3개, 흰색 비즈 6개, 투명실

버섯가방 준비물

실	CM필아트 베리에이션사 #VE18 그러데이션빨간색, #VE03 그러데이션하늘색, 랑 레인포스먼트 꼭지실 #094 아이보리색
바늘	막대바늘 1.5mm 4개
기타	돗바늘, 가위, 모헤어솜, 겸자

큰 버섯 준비물

실	아인반트 #0851 흰색, #1770 빨간색
바늘	막대바늘 2.0mm 4개
기타	돗바늘, 모헤어솜, 송곳, 수성펜, 겸자, 얇은 가방바닥판, 가위

- 처음 코를 만들 때나 코막음을 할 때 실을 여유 있게 남긴다. 이 실은 돗바늘에 꿰어 마감하거나 각 부위를 연결할 때 필요하다.
- 뜨는 과정에 나오는 '겉', '안'은 '겉뜨기'와 '안뜨기'의 줄임말이다.
- 얼굴과 몸통, 귀는 세로무늬 배색(인타르시아)뜨기로 진행하는데, 연결 코가 느슨하면 구멍이 생길 수 있으므로 주의해서 뜬다.

머리

〜〜〜 1.75mm 막대바늘과 브라운색 실(바탕색 표시 X)을 써서 '일반코잡기'로 8코를 만든다(뒷머리부터).

1단 (안쪽 면) 안뜨기

2단 앞뒤로 늘리며 겉뜨기 8 (총 16코)

3단 안뜨기

4단 (겉 1, 앞뒤로 늘리며 겉뜨기 1)×8 (총 24코)

5~7단 안뜨기로 시작하는 메리야스뜨기 3단. 5단의 첫코와 끝코에 마커 또는 별색 실로 표시.

8단 (겉 2, 앞뒤로 늘리며 겉뜨기 1)×8 (총 32코)

9~13단 안뜨기로 시작하는 메리야스뜨기 5단

14단 겉 7, 밝은베이지색 실을 연결하여 겉 5, 겉 8, 겉 5, 겉 7

15단 안 6, 안 7, 안 6, 안 7, 안 6. 첫코와 끝코에 마커 또는 별색 실로 표시.

16단 겉 3, 2코 모아뜨기 1, (겉 2, 2코 모아뜨기 1)×2, 겉 1, 겉 1, 2코 모아뜨기 1, 겉 1,
겉 1, (2코 모아뜨기 1, 겉 2)×2, 2코 모아뜨기 1, 겉 3 (총 25코)

17단 안 3, 안 8, 안 3, 안 8, 안 3

18단 겉 2, 겉 9, 겉 3, 겉 9, 겉 2

19단 안 11, 안 3, 안 11

20단 겉 2, (2코 모아뜨기 1, 겉 1)×3, 2코 모아뜨기 1, 겉 1, 오른코 줄이기 1, 겉 1,
(2코 모아뜨기 1, 겉 1)×2, 겉 2 (총 18코)

21단 안 8, 안 2, 안 8. 7~8번째 코 사이, 11~12번째 코 사이에 마커 또는 별색 실로 표시.

22단 오른코 줄이기 1, 겉 6, 겉 2, 겉 6, 2코 모아뜨기 1 (총 16코)

23단 안 7, 안 2, 안 7

24단 오른코 줄이기 1, 겉 5, 겉 2, 겉 5, 2코 모아뜨기 1 (총 14코)

25단 안 6, 안 2, 안 6

26단 겉 6, 겉 2, 겉 6

27~28단 25~26단과 동일

29단 안뜨기

30단 오른코 줄이기 1, 겉 1, (오른코 줄이기 1, 2코 모아뜨기 1)×2, 겉 1, 2코 모아뜨기 1 (총 8코)

〜〜〜 바늘 1에 4코, 바늘 2에 4코 나눠서 겉면을 마주 대고 안쪽에서 겉뜨기로 뜨면서 '덮어씌워 잇기'를 한다.

몸통

〜〜〜 1.75mm 막대바늘로 '토끼 몸통'과 같이 뜨는데, 라임색 실 부분은 브라운색 실로,
흰색 실 부분은 밝은베이지색 실로 뜬다(53쪽 '토끼 뜨기 > 몸통' 참조).

팔

〜〜〜 1.75mm 막대바늘과 브라운색 실(바탕색 표시 X)을 써서 '일반코잡기'로 8코를 만든다(팔 몸쪽부터).

1단 (앞뒤로 늘리며 겉뜨기 1, 겉 2, 앞뒤로 늘리며 겉뜨기 1)×2 (총 12코)

2단 안뜨기

3단 (앞뒤로 늘리며 겉뜨기 1, 겉 4, 앞뒤로 늘리며 겉뜨기 1)×2 (총 16코)

4~8단 안뜨기로 시작하는 메리야스뜨기 5단. 5단의 첫코와 끝코에 마커 또는 별색 실로 표시.

9단 (오른코 줄이기 1, 겉 4, 2코 모아뜨기 1)×2 (총 12코)

10~16단 안뜨기로 시작하는 메리야스뜨기 7단

17단 (오른코 줄이기 1, 겉 2, 2코 모아뜨기 1)×2 (총 8코)

18단 안뜨기. 첫코와 끝코에 마커 또는 별색 실로 표시.

머리

a, b 겉면을 마주 대고 겉뜨기로 뜨면서 덮어씌워 잇기

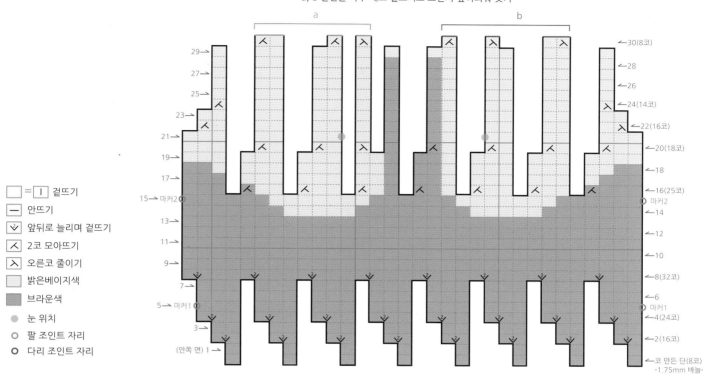

범례:
- □ = |I| 겉뜨기
- ─ 안뜨기
- ↧ 앞뒤로 늘리며 겉뜨기
- ⅄ 2코 모아뜨기
- ⅄ 오른코 줄이기
- ▨ 밝은베이지색
- ▨ 브라운색
- ● 눈 위치
- ○ 팔 조인트 자리
- ◎ 다리 조인트 자리

몸통

돗바늘로 마무리

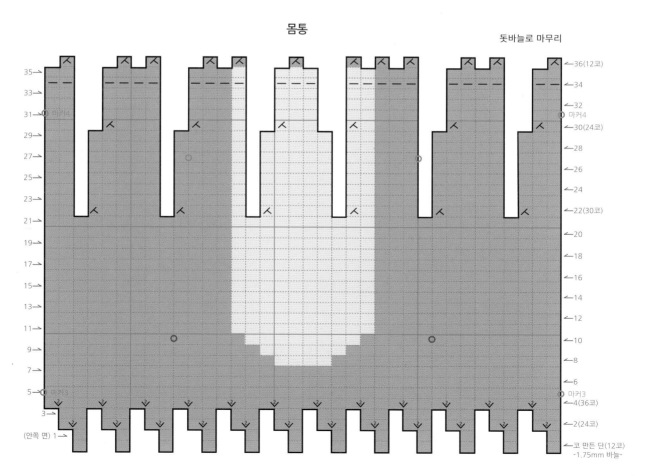

19단	겉 2, 2코 모아뜨기 1, 오른코 줄이기 1, 겉 2 (총 6코)
20~24단	다크브라운색 실을 연결하여 안뜨기로 시작하는 메리야스뜨기 5단
~~	바늘 1에 3코, 바늘 2에 3코 나눠서 겉면을 마주 대고 안쪽에서 겉뜨기로 뜨면서 '덮어씌워 잇기'를 한다. 같은 방법으로 팔 1개를 더 뜬다.

다리

~~	1.75mm 막대바늘과 브라운색 실(바탕색 표시X)을 써서 '일반코잡기'로 12코를 만든다(다리 몸쪽부터)
1단	(앞뒤로 늘리며 겉뜨기 1, 겉 4, 앞뒤로 늘리며 겉뜨기 1)×2 (총 16코)
2단	안뜨기
3단	(앞뒤로 늘리며 겉뜨기 1, 겉 6, 앞뒤로 늘리며 겉뜨기 1)×2 (총 20코)
4~8단	안뜨기로 시작하는 메리야스뜨기 5단. 5단의 첫코와 끝코에 마커 또는 별색 실로 표시.
9단	(오른코 줄이기 1, 겉 6, 2코 모아뜨기 1)×2 (총 16코)
10~12단	안뜨기로 시작하는 메리야스뜨기 3단
13단	(오른코 줄이기 1, 겉 4, 2코 모아뜨기 1)×2 (총 12코)
14~16단	안뜨기로 시작하는 메리야스뜨기 3단
17단	(오른코 줄이기 1, 겉 2, 2코 모아뜨기 1)×2 (총 8코)
18~22단	안뜨기로 시작하는 메리야스뜨기 5단. 19단 첫코와 끝코에 마커 또는 별색 실로 표시.
23~27단	다크브라운색 실을 연결하여 메리야스뜨기 5단
~~	바늘 1에 4코, 바늘 2에 4코 나눠서 겉면을 마주 대고 안쪽에서 겉뜨기로 뜨면서 '덮어씌워 잇기'를 한다. 같은 방법으로 다리 1개를 더 뜬다.

팔×2

a, b 겉면을 마주 대고 겉뜨기로 뜨면서 덮어씌워 잇기

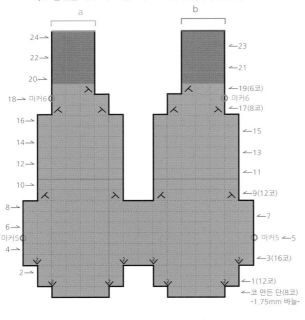

다리×2

a, b 겉면을 마주 대고 겉뜨기로 뜨면서 덮어씌워 잇기

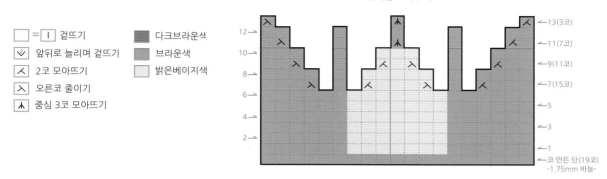

귀×2

돗바늘로 마무리

←13(3코)
←11(7코)
←9(11코)
←7(15코)
←5
←3
←1
←코 만든 단(19코)
-1.75mm 바늘-

□ = |Ⅰ| 겉뜨기
☑ 앞뒤로 늘리며 겉뜨기
☒ 2코 모아뜨기
☒ 오른코 줄이기
☒ 중심 3코 모아뜨기

■ 다크브라운샄
■ 브라운색
□ 밝은베이지색

귀

～～ 1.75mm 막대바늘과 브라운색 실(바탕색 표시 X)을 써서 '일반코잡기'로 19코를 만든다(귀 몸쪽부터).

1단	겉 6, 밝은베이지색 실을 연결하여 겉 7, 겉 6
2단	안 6, 안 7, 안 6
3단	겉 6, 겉 7, 겉 6
4~5단	2~3단 과 동일
6단	2단과 동일
7단	겉 3, 2코 모아뜨기 1, 겉 1, 오른코 줄이기 1, 겉 3, 2코 모아뜨기 1, 겉 1, 오른코 줄이기 1, 겉 3 (총 15코)
8단	안 5, 안 5, 안 5
9단	겉 2, 2코 모아뜨기 1, 겉 1, 오른코 줄이기 1, 겉 1, 2코 모아뜨기 1, 겉 1, 오른코 줄이기 1, 겉 2 (총 11코)
10단	안 4, 안 3, 안 4
11단	겉 1, 2코 모아뜨기 1, 겉 1, 중심 3코 모아뜨기 1, 겉 1, 오른코 줄이기 1, 겉 1 (총 7코)
12단	안뜨기
13단	2코 모아뜨기 1, 중심 3코 모아뜨기 1, 오른코 줄이기 1 (총 3코)

～～ 꼬리실을 15cm 이상 남기고 자른 다음 '돗바늘로 마무리'한다. 같은 방법으로 귀 1개를 더 뜬다.

꼬리

～～ 1.75mm 막대바늘과 브라운색 실을 써서 '양의 꼬리'와 같이 뜬다(39쪽 '양 뜨기> 꼬리' 참조).

꼬리

돗바늘로 마무리

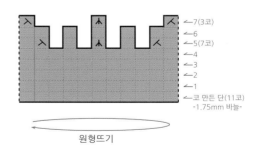

←7(3코)
←6
←5(7코)
←4
←3
←2
←1
←코 만든 단(11코)
-1.75mm 바늘-

원형뜨기

왼쪽 뿔

1.75mm 막대바늘과 초콜릿색 실을 써서 '일반코잡기'로 3코를 만들고, 코를 바늘 반대편 끝 쪽으로 밀어 옮겨 '아이코드뜨기'를 한다(사진 1).

1단 겉 3, 코를 바늘 반대편 끝 쪽으로 밀어 옮긴다.

2단 앞뒤로 늘리며 겉뜨기 1, 겉 2, 코를 바늘 반대편 끝 쪽으로 밀어 옮긴다. (총 4코)

3단 겉 4, 코를 바늘 반대편 끝 쪽으로 밀어 옮긴다.

4단 (앞으로 늘리며 겉뜨기 1, 겉 1)×2, 코를 바늘 반대편 끝 쪽으로 밀어 옮긴다. (총 6코)

5단 겉 2, 나머지 4코는 마커에 걸어 '쉼코 1'로 두고, 코를 바늘 반대편 끝 쪽으로 밀어 옮긴다(사진 2)

6~7단 2코 아이코드뜨기 2단

꼬리실을 15cm 이상 남기고 자른 다음 '돗바늘로 마무리'한다(사진 3). 남은 실은 매듭짓고 바늘을 편물 가운데로 통과시켜(사진 4) 코 만든 단 쪽으로 보내고 잘라 정리한다.

쉼코 1(4코)에 새 실(초콜릿색 실. 이해하기 쉽도록 사진에는 파란색 실로 표현)을 걸어 뜨기 시작한다. 꼬리실(a)은 20cm 이상 남긴다.

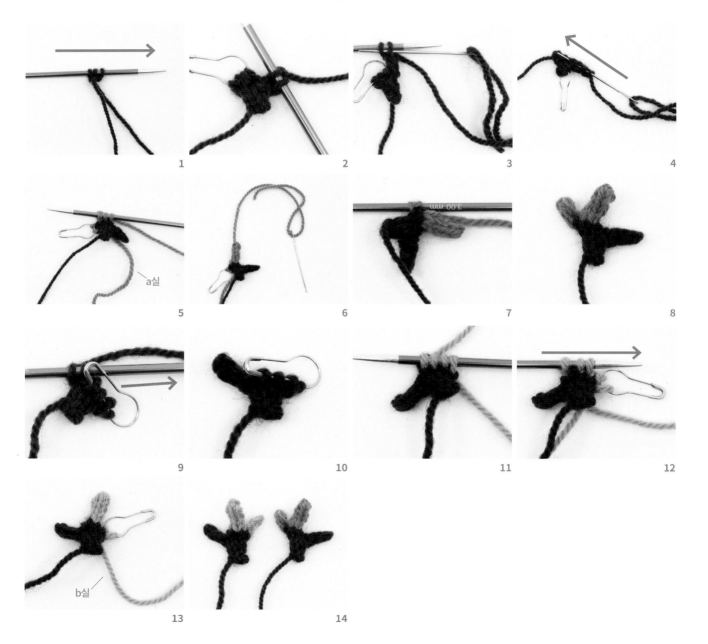

5단	겉 2, 앞뒤로 늘리며 겉뜨기 1, 겉 1, 코를 바늘 반대편 끝 쪽으로 밀어 옮긴다.
6단	겉 3, 나머지 2코는 마커에 걸어 '쉼코 2'로 두고(사진 5), 코를 바늘 반대편 끝 쪽으로 밀어 옮긴다.
7~9단	3코 아이코드뜨기 3단
	꼬리실을 15cm 이상 남기고 자른 다음 '돗바늘로 마무리'한다. 남은 실은 매듭짓고
	편물 가운데로 통과시켜 코 만든 단 쪽으로 보내고 잘라 정리한다(사진 6).
	쉼코 2(2코)에 바늘을 걸어 a실로 뜬다(사진 7).
6~7단	2코 아이코드뜨기 2단
〰	꼬리실을 15cm 이상 남기고 자른 다음 '돗바늘로 마무리'한다. 남은 실은 매듭짓고
	편물 가운데로 통과시켜 코 만든 단 쪽으로 보내고 잘라 정리한다(사진 8).

오른쪽 뿔

1~4단	왼쪽 뿔 1~4단과 동일
5단	4코는 마커에 걸어 '쉼코 3'으로 두고, 겉 2, 코를 바늘 반대편 끝 쪽으로 밀어 옮긴다(사진 9).
6~7단	2코 아이코드뜨기 2단
	꼬리실을 15cm 이상 남기고 자른 다음 '돗바늘로 마무리'한다. 남은 실은 매듭짓고
	편물 가운데로 통과시켜 코 만든 단 쪽으로 보내고 잘라 정리한다(사진 10).
	쉼코 3(4코)에 새 실(초콜릿색 실. 이해하기 쉽도록 사진에는 연두색 실로 표현)을
	걸어 뜨기 시작한다. 꼬리실(b)은 20cm 이상 남겨둔다.
5단	겉 4, 코를 바늘 반대편 끝 쪽으로 밀어 옮긴다(사진 11).
6단	앞뒤로 늘리며 겉뜨기 1, 겉 3, 코를 바늘 반대편 끝 쪽으로 밀어 옮긴다. (총 5코)
7단	2코는 마커에 걸어 '쉼코 4'로 두고, 겉 3, 코를 바늘 반대편 끝 쪽으로 밀어 옮긴다(사진 12).
8~9단	3코 아이코드뜨기 2단
	꼬리실을 15cm 이상 남기고 자른 다음 '돗바늘로 마무리'한다. 남은 실은 매듭짓고
	편물 가운데로 통과시켜 코 만든 단 쪽으로 보내고 잘라 정리한다.
	쉼코 4(2코)에 b실을 걸어서 뜬다(사진 13).
7단	2코 아이코드뜨기
〰	꼬리실을 15cm 이상 남기고 자른 다음 '돗바늘로 마무리'한다. 남은 실은 매듭짓고
	편물 가운데로 통과시켜 코 만든 단 쪽으로 보내고 잘라 정리한다(사진 14).

오른쪽 뿔

왼쪽 뿔

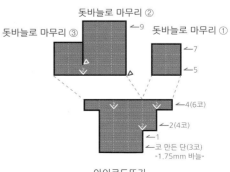

□ = | 겉뜨기
∨ 앞뒤로 늘리며 겉뜨기
■ 초콜릿색
△ 새 실 걸기
○ 2코 쉼코로 두기
○ 4코 쉼코로 두기

사슴 조립하기

· 전체 조립과정은 인형 만들기의 기초(192~199쪽)를 따라 진행하되, 사슴의 특성에 맞게 달리 작업해야 할 부분에 유의한다.

· 과정 사진에서는 알아보기 쉽도록 굵은 실을 사용했다.

· 스티치 그림에서 홀수 번호는 바늘이 나오는 곳, 짝수 번호는 바늘이 들어가는 곳이다.

◆ 부위별 마무리 ~ 조인트 넣기

1 인형 만들기의 기초 '1. 부위별 마무리'와 '2. 조인트 넣기'를 하는데, 사슴의 다리는
팔을 조립할 때와 같은 방법(195쪽 1~8번 참조)으로 연결한다.

1

◆ 솜 넣기 ~ 벌어진 부분 조이기

1   2   3   4

1 겸자로 솜을 채우고 나면, 얼굴의 배색 부분이 벌어지게 된다.
2 마감실(또는 끊어지지 않는 실)을 돗바늘에 꿰어, 벌어진 부분 아래에서 위로 '메리야스 잇기'(209쪽 참조)를 한다.
3 인형의 머리를 왼손으로 잡고 오른손으로 마감실을 당겨 벌어진 틈을 좁힌다.
4 남은 실은 창구멍으로 빼내어 당겨 매듭을 짓고 자른다. 얼굴 왼쪽 벌어진 부분을 조인 모습. 오른쪽도 마저 작업한다.

◆ 눈 달기 ~ 코, 인중, 눈썹 스티치

1   2   3   4

1 인형 만들기의 기초 '3. 눈 달기'를 하고, 코, 인중, 눈썹 위치를 수성펜으로 표시한다.
2 코: 22~23쪽 '곰돌이 조립하기> 코, 인중, 입 스티치' 2~3번을 참조해 긴 돗바늘과 초콜릿색(아인반트 0867번) 실로 수를 놓는다.
3 인중과 눈썹: 진갈색 자수실 한 가닥을 긴 돗바늘에 꿰어 매듭지은 후 머리 창구멍을 통해 ①~⑥번까지
'스트레이트 스티치'를 한다.
4 바늘을 머리의 창구멍으로 통과시켜 매듭을 짓고 실을 자른다. 완성한 모습.

◆ 귀, 뿔, 꼬리 달기

1 귀는 '토끼 조립하기 > 귀 달기'(59쪽) 1~4번과 같은 방법으로 마무리하고, 귀를 반으로 접어 양쪽 가장자리
   브라운색 편물 1단을 '메리야스 잇기'로 연결한다.
2 뿔은 코 만든 부분의 꼬리실을 이용해 연결한다. 사진의 왼쪽이 오른쪽 뿔, 오른쪽이 왼쪽 뿔이다.
3 머리의 9단에 사진과 같이 수성펜으로 길게 표시한다.
4 9단을 따라 머리 양옆에 귀를, 위쪽에 뿔을 시침핀으로 고정한 후, 수성펜으로 각 고정 위치에 바느질 선을 그린다.
5 귀의 가장 윗단 코와 바느질 선을 '메리야스 잇기'로 꿰맨다. 이때 인형을 돌려가며 작업하면 수월하다.
   실이 보이지 않도록 바짝 당기면서 바느질하고 매듭을 지은 다음 남은 실은 머리 안쪽으로 통과시킨 후 잘라 마무리한다.
   같은 방법으로 반대쪽 귀도 단다.
6 뿔의 꼬리실을 돗바늘에 꿰어 '메리야스 잇기'로 머리에 붙이고, 귀와 같은 방법으로 양쪽 모두 마무리한다.
7 '양 조립하기 > 꼬리 달기'(40~41쪽) 1~3번과 같은 방법으로 꼬리를 단다.

◆ 머리 창구멍 닫기 ~ 얼굴 생동감 표현

1 인형 만들기의 기초 '5. 머리 창구멍 닫기'~'7. 기모 내기'(머리, 몸통, 팔, 다리)를 진행하고,
   '8. 얼굴 생동감 표현'(199쪽)을 참조하여 K16번 패브릭잉크를 얼굴의 배색라인, 눈썹, 코, 인중, 눈 테두리에,
   133번 패브릭잉크를 양 볼에 살살 바른다.

1

~~~~~~~~~~ 1.5mm 막대바늘과 그러데이션빨간색 실을 써서 '일반코잡기'로 36코를 만든다.

1단   겉 32, 2코 모아뜨기 1, 바늘비우기 1, 겉 2

2~3단   겉뜨기 2단

4단   진초록색 실(바탕색 표시 X)로 겉 4, 안 13. 나머지 19코는 다른 바늘에 걸어 '쉼코 1'로 두고 17코만으로 뜬다(62쪽 '당근케이프 뜨는 순서' 참조).

---------- 오른쪽

5단   겉 1, (겉 1, 앞뒤로 늘리며 겉뜨기 1)×5, 겉 6(총 22코)

6단   겉 4, 안 18

7단   겉 1, (겉 2, 앞뒤로 늘리며 겉뜨기 1)×5, 겉 6(총 27코)

8단   겉 4, 안 14, 빨간색 실을 연결하여 안 2, 안 7

9단   겉 6, 겉 4, 겉 2, 앞뒤로 늘리며 겉뜨기 1, (겉 3, 앞뒤로 늘리며 겉뜨기 1)×2, 겉 6 (총 30코)

10단   겉 4, 안 4, 그러데이션베이지색 실을 연결하여 안 1, 안 4, 안 1, 안 5, 안 6, 안 3, 안뜨기로 오른코 줄이기 1 (총 29코)

11단   겉 3, 겉 8, 겉 1, 앞뒤로 늘리며 겉뜨기 1, (겉 1, 겉 1)×2, 앞뒤로 늘리며 겉뜨기 1, (겉 1, 겉 1)×2, 앞뒤로 늘리며 겉뜨기 1, 겉 6 (총 32코)

12단   겉 4, (안 5, 안 1)×2, 안 5, 안 8, 안 3

13단   겉 6, 겉 2, (겉 5, 앞뒤로 늘리며 겉뜨기 1)×2, 겉 12 (총 34코)

오른쪽

14단	겉 4, 안 22, 안 2, 안 6
15단	겉뜨기
16단	겉 4, 안 28, 안뜨기로 오른코 줄이기 1 (총 33코)
	33코는 바늘에 걸어 '쉼코 2'로 둔다(케이프 오른쪽 부분).

---------- **중앙**

차트 도안을 참고하여 쉼코 1(19코)에서 2코는 마커에 걸어둔다.

---------- **왼쪽**

안쪽 면이 보이게 놓고 새 실(진초록색 실)을 걸어 뜨기 시작한다.

4단	안 13, 겉 4
5단	겉 4, (겉 1, 앞뒤로 늘리며 겉뜨기 1)×5, 겉 3(총 22코)
6단	안 18, 겉 4
7단	겉 4, (겉 2, 앞뒤로 늘리며 겉뜨기 1)×5, 겉 3 (총 27코)

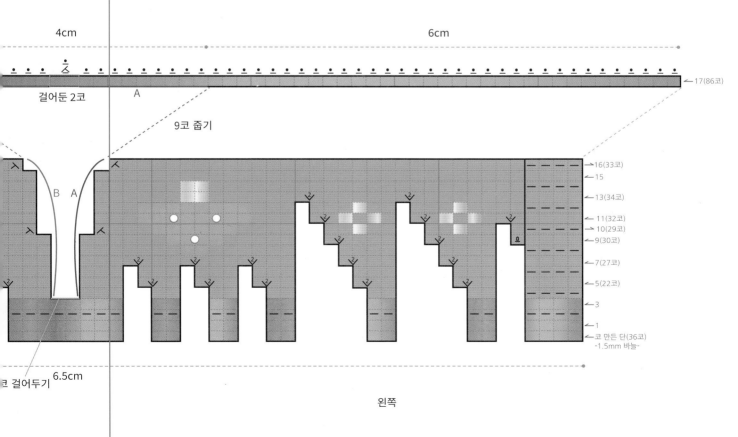

왼쪽

8단	안 7, 안 2, 안 14, 겉 4
9단	겉 4, 끌어올려 겉뜨기로 늘리기 1, (겉 3, 앞뒤로 늘리며 겉뜨기 1)×2, 겉 5, 겉 4, 겉 6 (총 30코)
10단	안뜨기로 2코 모아뜨기 1, 안 3, 안 6, 안 6, 안 1, 안 4, 안 1, 안 3, 겉 4 (총 29코)
11단	겉 4, 앞뒤로 늘리며 겉뜨기 1, (겉 1, 겉 1)×2, 앞뒤로 늘리며 겉뜨기 1, (겉 1, 겉 1)×2, 앞뒤로 늘리며 겉뜨기 1, 겉 3, 겉 8, 겉 3 (총 32코)
12단	안 3, 안 8, 안 6, 안 1, 안 5, 안 1, 안 4, 겉 4
13단	겉 11, 앞뒤로 늘리며 겉뜨기 1, 겉 5, 앞뒤로 늘리며 겉뜨기 1, 겉 6, 겉 2, 겉 6 (총 34코)
14단	안 6, 안 2, 안 22, 겉 4
15단	겉뜨기
16단	안뜨기로 2코 모아뜨기 1, 안 28, 겉 4 (총 33코)
17단	겉 33, 토끼 '당근케이프 뜨는 순서' 그림(62쪽)을 참조하여 9코를 줍고, 마커에 걸어둔 2코를 바늘에 걸어 겉 2, 그림을 참조하여 9코를 줍고, 쉼코 2(33코)에 겉 29, 2코 모아뜨기 1, 바늘비우기 1, 겉 2 (총 86코)
〰〰	42코를 느슨하게 '겉뜨기로 코막음'한 다음 '2코 모아뜨기' 1코를 하고 '덮어씌워 코막음', 다시 42코를 느슨하게 '겉뜨기로 코막음'한다.

마무리

1 스팀다리미로 저온에서 다림질 후 남은 실들은 돗바늘에 꿰어 안쪽에서 올 사이로 숨기고 잘라 정리하고, 단춧구멍 위치에 맞춰 진주단추를 단다.
2 케이프 가운데 부분에도 진주단추를 단다.
3 차트도안에서 다는 위치를 참조하여 흰색비즈를 단다.

~~~~~ 1.5mm 막대바늘과 아이보리색 실(바탕색 표시 X)을 써서 '원형뜨기'로 8코를 만든다(가방 아래쪽부터).

1~4단 | 겉뜨기 4단

5단 | 그러데이션빨간색 실을 연결하여 겉뜨기

6단 | 안 2, 감아코 8, 안 4, 감아코 8, 안 2 (총 24코)

7~8단 | 겉뜨기 2단

9단 | 겉 4, 2코 모아뜨기 1, 오른코 줄이기 1, 겉 8, 2코 모아뜨기 1, 오른코 줄이기 1, 겉 4 (총 20코)

10단 | 겉 3, 2코 모아뜨기 1, 오른코 줄이기 1, 겉 6, 2코 모아뜨기 1, 오른코 줄이기 1, 겉 3 (총 16코)

11단 | 겉 2, 2코 모아뜨기 1, 오른코 줄이기 1, 겉 4, 2코 모아뜨기 1, 오른코 줄이기 1, 겉 2 (총 12코)

12단 | 겉 1, 2코 모아뜨기 1, 오른코 줄이기 1, 겉 2, 2코 모아뜨기 1, 오른코 줄이기 1, 겉 1 (총 8코)

~~~~~ 실을 15cm 이상 남기고 자른 다음 '돗바늘로 마무리'하는데, 창구멍이 남을 정도로만 조인다.

끈

~~~~~ 1.5mm 막대바늘과 그러데이션하늘색 실을 써서 '일반코잡기'로 2코를 만든다.
꼬리실은 15cm 이상 남긴다.

1~40단 | 2코 아이코드뜨기 40단(8cm)

~~~~~ 꼬리실을 15cm 이상 남기고 자른 다음 '돗바늘로 마무리'한다.

버섯가방

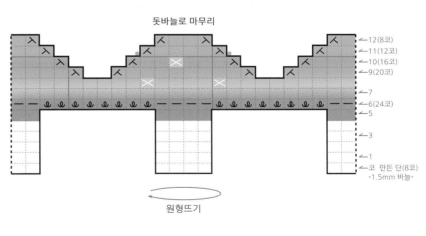

□ = I 겉뜨기
— 안뜨기
⅄ 오른코 줄이기
⅄ 2코 모아뜨기
⅃ 감아코 만들기
⊠ 아이보리색으로 메리야스 스티치
● 끈 연결 위치
▨ 그러데이션하늘색
▨ 그러데이션빨간색
□ 아이보리색

돗바늘로 마무리

←12(8코)
←11(12코)
←10(16코)
←9(20코)
←7
←6(24코)
←5
←3
←1
←코 만든 단(8코)
-1.5mm 바늘-

원형뜨기

끈

-1.5mm 바늘-

돗바늘로 마무리

뜨는 방향

2코 아이코드뜨기 40단

마무리

9

1 가방의 코만든 부분은 '감침질하고 돗바늘로 마무리'하고, 남은 실은 가방 안쪽으로 바늘을 통과시켜 실을 살짝 당긴 다음 매듭짓고 잘라 정리한다.

2 감아코 만든 부분은 감침질한다.

3 가방의 납작한 느낌을 표현할 수 있도록 겸자로 솜을 조금만 넣는다.

4 창구멍을 마저 조이고 남은 실은 가방 안쪽으로 바늘을 통과시켜 실을 살짝 당긴 다음 매듭짓고 잘라 정리한다.

5 차트도안을 참조하여 수놓을 부분을 수성펜으로 표시하고, 흰색 실을 돗바늘에 꿰어 원하는 위치 한 단 아래 중심으로 빼낸 다음, 사진처럼 한 단 위 코를 오른쪽에서 왼쪽으로 뜬다.

6 그대로 바늘을 빼내어 바늘이 나왔던 곳으로 다시 바늘을 넣는다.

7 원하는 위치에 위의 5~6번을 반복하여 수놓는다. 이렇게 하는 것을 '메리야스 스티치'라고 한다.

8 차트도안을 참고하여 수성펜으로 끈 위치를 표시하고, 꼬리실을 돗바늘에 꿰어 버섯가방 옆에 꿰매 붙이고 실은 가방 안으로 넣어 정리한다.

9 스팀다리미로 저온에서 다림질한다. 완성한 모습.

～～～	2.0mm 막대바늘과 흰색 실(바탕색 표시 X)을 써서 '원형코잡기'로 12코를 만든다(버섯 아래쪽부터).
1단	앞뒤로 늘리며 겉뜨기 12 (총 24코)
2단	겉뜨기
3단	(겉 1, 앞뒤로 늘리며 겉뜨기 1)×12 (총 36코)
4단	겉뜨기
5단	(겉 2, 앞뒤로 늘리며 겉뜨기 1)×12 (총 48코)
6~14단	겉뜨기 9단
15~16단	안뜨기 2단
17단	(안 4, 안뜨기로 2코 모아뜨기 1)×8 (총 40코)
	'겉뜨기로 코막음'한 뒤, 맨 마지막에 고리를 만들어 그 사이로 실을 (자르지 않은 그대로) 빼낸다.
18단	뒤쪽 반코에 바늘을 넣어 40코를 줍는다(28쪽 '반코에서 코줍기' 참조).
19단	(겉 1, 안 1)×20
20단	(겉 1, 안 1, 겉 1, 안 1, 겉 1, 끌어올려 안뜨기로 늘리기 1, 안 1, 겉 1, 안 1, 겉 1, 안 1, 끌어올려 겉뜨기로 늘리기 1)×4 (총 48코)
21단	(겉 1, 안 1, 겉 1, 안 1, 겉 1, 안 2, 겉 1, 안 1, 겉 1, 안 1, 겉 1)×4
22단	(겉 1, 안 1, 겉 1, 안 1, 겉 1, 안 1, 끌어올려 겉뜨기로 늘리기 1, 안 1, 겉 1, 안 1, 겉 1, 안 1, 겉 1, 끌어올려 안뜨기로 늘리기 1)×4 (총 56코)
23단	(겉 1, 안 1)×28
24단	(겉 1, 안 1, 겉 1, 안 1, 겉 1, 안 1, 겉 1, 끌어올려 안뜨기로 늘리기 1, 안 1, 겉 1, 안 1, 겉 1, 안 1, 겉 1, 안 1, 끌어올려 겉뜨기로 늘리기 1)×4 (총 64코)
25단	(겉 1, 안 1, 겉 1, 안 1, 겉 1, 안 1, 겉 1, 안 2, 겉 1, 안 1, 겉 1, 안 1, 겉 1, 안 1, 겉 1)×4
26단	(겉 1, 안 1, 겉 1, 안 1, 겉 1, 안 1, 겉 1, 안 1, 끌어올려 겉뜨기로 늘리기 1, 안 1, 겉 1, 안 1, 겉 1, 안 1, 겉 1, 안 1, 겉 1, 끌어올려 안뜨기로 늘리기 1)×4 (총 72코)
27단	빨간색 실을 연결하여 겉뜨기
28단	안뜨기
29단	겉뜨기
30단	(겉 3, 겉 2, 겉 3)×9
31~32단	(겉 2, 겉 4, 겉 2)×9
33단	(겉 3, 겉 2, 겉 3)×9
34~35단	겉뜨기 2단
36단	겉 1, 겉 5, (겉 1, 겉 2, 겉 5)×8, 겉 1, 겉 1
37~38단	겉 2, 겉 4, (겉 4, 겉 4)× 8, 겉 2
39단	겉 1, 겉 5, (겉 1, 겉 2, 겉 5)×8, 겉 1, 겉 1
40~41단	겉뜨기 2단
42단	(겉 4, 2코 모아뜨기 1)×12 (총 60코)
43단	겉뜨기. 이후 49단까지 홀수 단 동일
44단	(겉 3, 2코 모아뜨기 1)×12 (총 48코)
46단	(겉 2, 2코 모아뜨기 1)×12 (총 36코)
48단	(겉 1, 2코 모아뜨기 1)×12 (총 24코)
50단	2코 모아뜨기 12 (총 12코)
～～～	꼬리실을 15cm 이상 남기고 자른 다음 '돗바늘로 마무리'하는데, 창구멍이 남을 정도로만 조인다.

큰 버섯

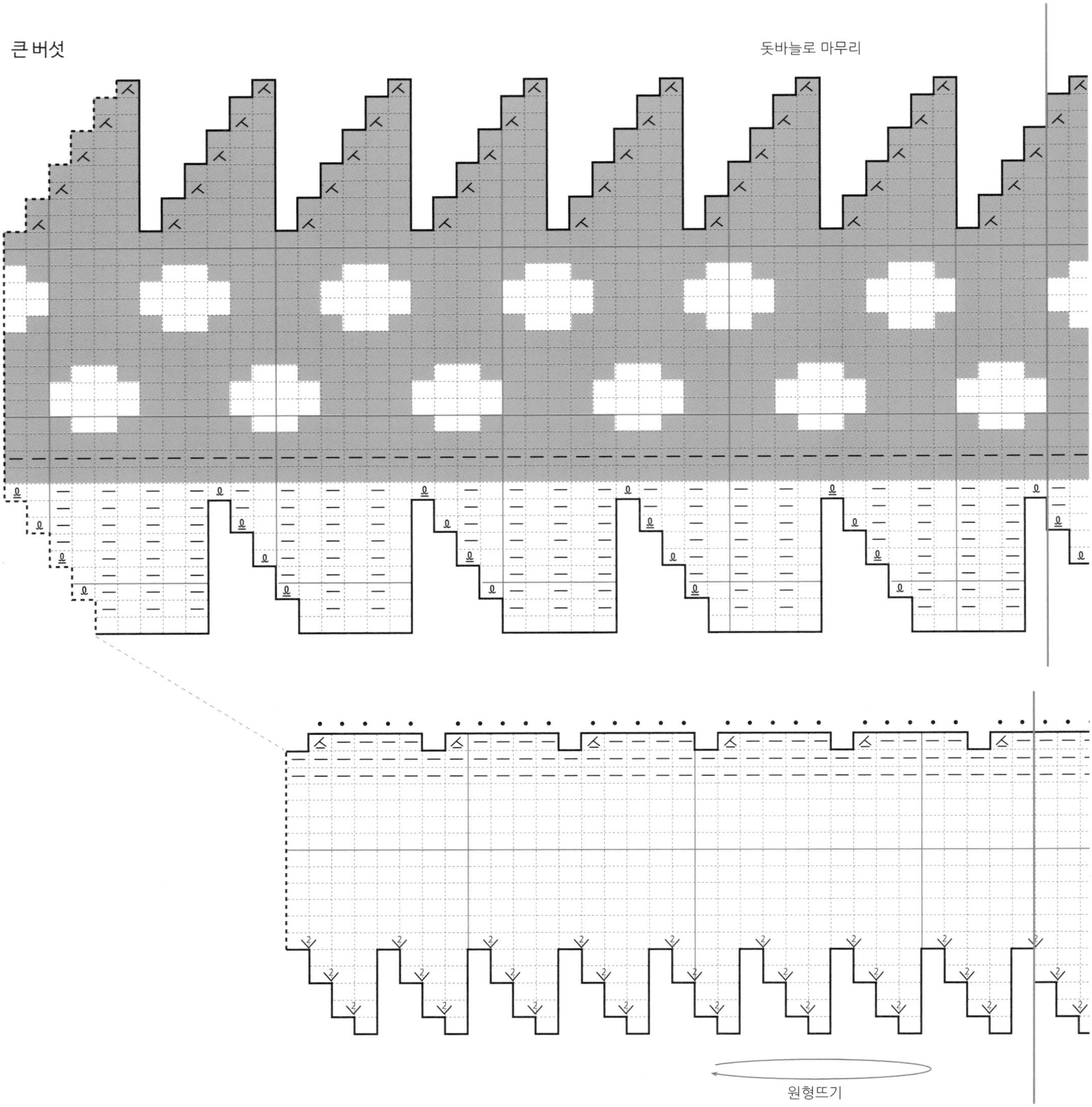

돗바늘로 마무리

원형뜨기

마무리

1 스팀다리미로 저온에서 다림질 후 배색실은 돗바늘에 꿰어 안쪽에서 올 사이로 숨기고 잘라 정리한다.

2 버섯 갓 아래에 넣을 심지(얇은 가방바닥판)를 원형(지름 약 6.5cm)으로 잘라 준비한다.
심지 크기는 완성작의 크기에 맞춰 조절한다.

3 솜과 심지 넣기, 창구멍 닫기 등 조립과 마무리는 180쪽 '버섯 뜨기 > 마무리'를 참조한다.

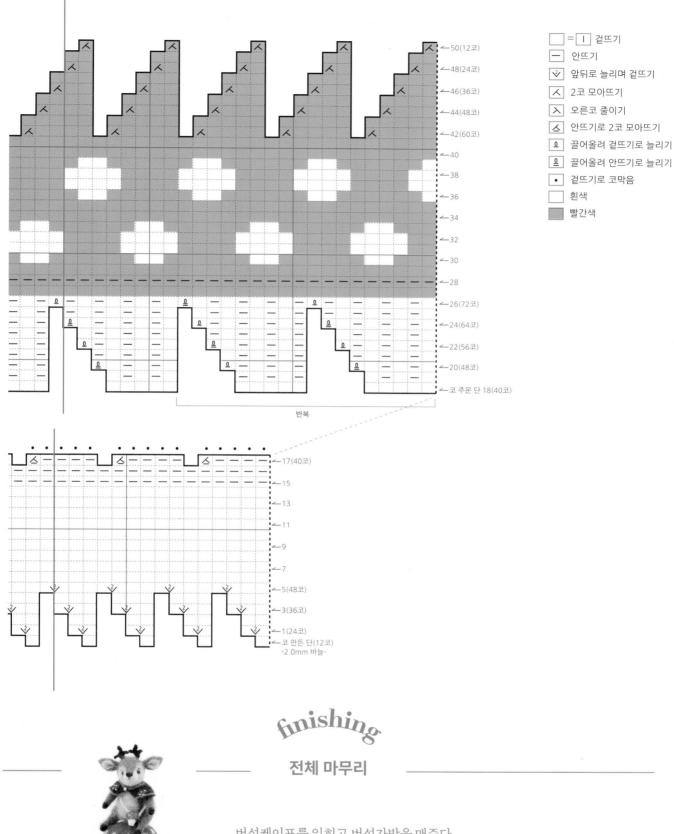

右側の記号凡例:

- □ = Ｉ 겉뜨기
- ─ 안뜨기
- ⋁ 앞뒤로 늘리며 겉뜨기
- ⋏ 2코 모아뜨기
- ⋊ 오른코 줄이기
- ⋏ 안뜨기로 2코 모아뜨기
- ℓ 끌어올려 겉뜨기로 늘리기
- ℓ 끌어올려 안뜨기로 늘리기
- • 겉뜨기로 코막음
- □ 흰색
- ▨ 빨간색

상단 차트 단수 표시:
- ←50(12코)
- ←48(24코)
- ←46(36코)
- ←44(48코)
- ←42(60코)
- ←40
- ←38
- ←36
- ←34
- ←32
- ←30
- ←28
- ←26(72코)
- ←24(64코)
- ←22(56코)
- ←20(48코)
- ←코 주운 단 18(40코)

반복

하단 차트 단수 표시:
- ←17(40코)
- ←15
- ←13
- ←11
- ←9
- ←7
- ←5(48코)
- ←3(36코)
- ←1(24코)
- ←코 만든 단(12코)
- -2.0mm 바늘-

finishing

전체 마무리

버섯케이프를 입히고 버섯가방을 매준다.

여 우

산책 나온 여우가 햇살이 따가운지 나뭇잎양산을 썼어요. 멜빵바지를 입은 모습은 꽤나 장난꾸러기 같은데 말이에요.

풍성한 꼬리털부터 한번 만져보고 싶네요. 여우 형제는 무당벌레가 무임승차한 걸 눈치챘을까요?

크기

여우	12cm
멜빵바지	가로 6cm, 길이 6.8cm(끈 포함)
나뭇잎양산	가로 7cm, 세로 23.5cm
무당벌레	가로 1.5cm, 세로 2cm

게이지

여우	메리야스뜨기 50코×60단
멜빵바지	메리야스뜨기 55코×75단

여우 준비물

실	리치모어(Rich More) 엑설런트 모헤어 카운트 10(Excellent Mohair Count 10)
	#86 진주황색(2가닥 사용), #01 흰색(2가닥 사용), 아인반트(Einband) #0867 초콜릿색
	코 – 아인반트 #0867 초콜릿색
	인중, 입 – 자수실 진갈색
	눈 라인 – 요코타(Yokota) 이로이로(iroiro) #1 흰색
바늘	막대바늘 1.75mm 4개
하드보드 조인트	18mm 1세트(목), 12mm 2세트(팔), 15mm 2세트(다리)
기타	단추눈 4mm 2개, 돗바늘, 모헤어솜, 송곳, 마커, 수성펜, 면봉, 패브릭 잉크 2색(츠키네코 벌사크래프트 #K16, #133), 시침핀, 겸자, 마감실, 기모브러시, 펠트용 1구 바늘, 니퍼, 공예용 철사(1.5mm)

멜빵바지 준비물

실	랑(Lang) 레인포스먼트(Reinforcement) 꼭지실 #007 진청색, #060 빨간색, CM필아트(CM Feelart) 베리에이션사 #VE22 그러데이션보라색
바늘	막대바늘 1.5mm 4개
기타	돗바늘, 가위, 버클 3mm 2개, 단추 4mm 1개

나뭇잎양산 준비물

실	아인반트(Einband) #1764 연두색
바늘	막대바늘 2.0mm 4개
기타	돗바늘, 겸자, 가위, 공예용 철사(1.0mm), 니퍼, 목공풀

무당벌레 준비물

실	아인반트 #1770 빨간색, #0852 검정색, #0851 흰색
바늘	막대바늘 1.75mm 4개
기타	돗바늘, 모헤어솜, 송곳, 수성펜, 겸자, 가위

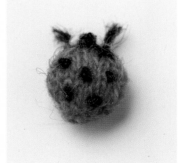

- 처음 코를 만들 때나 코막음을 할 때 실을 여유 있게 남긴다. 이 실은 돗바늘에 꿰어 마감하거나 각 부위를 연결할 때 필요하다.
- 뜨는 과정에 나오는 '겉', '안'은 '겉뜨기'와 '안뜨기'의 줄임말이다.
- 얼굴과 몸통, 귀는 세로무늬 배색(인타르시아)뜨기로 진행하는데, 연결 코가 느슨하면 구멍이 생길 수 있으므로 주의해서 뜬다.
- 나뭇잎양산과 무당벌레는 '원형뜨기'로 진행한다.

머리

〰	1.75mm 막대바늘과 진주황색 실(바탕색 표시 X)을 써서 '일반코잡기'로 8코를 만든다(뒷머리부터).
1단	(안쪽 면) 안뜨기
2단	앞뒤로 늘리며 겉뜨기 8 (총 16코)
3단	안뜨기
4단	(겉 1, 앞뒤로 늘리며 겉뜨기 1)×8 (총 24코)
5~7단	안뜨기로 시작하는 메리야스뜨기 3단. 5단의 첫코와 끝코에 마커 또는 별색 실로 표시.
8단	(겉 2, 앞뒤로 늘리며 겉뜨기 1)×8 (총 32코)
9~11단	안뜨기로 시작하는 메리야스뜨기 3단
12단	흰색 실을 연결하여 겉 6, 겉 20, 겉 6. 13~14번째 코 사이, 19~20번째 코 사이에 마커 또는 별색 실로 표시.
13단	안 6, 안 20, 안 6
14단	겉 7, 겉 18, 겉 7
15단	안 7, 안 18, 안 7. 첫코와 끝코에 마커 또는 별색 실로 표시.
16단	겉3, 2코 모아뜨기 1, 겉 2, (2코 모아뜨기 1, 겉 2)×4, 2코 모아뜨기 1, 겉 2, 2코 모아뜨기 1, 겉 3 (총 25코)
17단	안 6, 안 13, 안 6
18단	겉 7, 겉 11, 겉 7
19단	안 7, 안 11, 안 7
20단	겉 3, 2코 모아뜨기 1, 겉 1, 2코 모아뜨기 1, (겉 1, 2코 모아뜨기 1)×3, (겉 1, 2코 모아뜨기 1)×2, 겉 2. 7번째 코의 반코와 12번째 코의 반코에 마커 또는 별색 실로 표시(185쪽 '마커 거는 방법' 참조). (총 18코)
21단	안 6, 안 6, 안 6
22단	오른코 줄이기 1, 겉 4, 겉 6, 겉 4, 2코 모아뜨기 1 (총 16코)
23단	안 5, 안 6, 안 5
24단	오른코 줄이기 1, 겉 4, 겉 4, 겉 4, 2코 모아뜨기 1 (총 14코)
25단	안 5, 안 4, 안 5
26단	겉 5, 겉 4, 겉 5
27단	안 5, 안 4, 안 5
28단	오른코 줄이기 1, 겉 3, 겉 4, 겉 3, 2코 모아뜨기 1 (총 12코)
29단	안 4, 안 4, 안 4
30단	겉 4, 겉 4, 겉 4
31~32단	29~30단과 동일
33단	안뜨기
34단	오른코 줄이기 1, (오른코 줄이기 1, 2코 모아뜨기 1)×2, 2코 모아뜨기 1 (총 6코)
〰	바늘 1에 3코, 바늘 2에 3코 나눠서 겉면을 마주대고 겉뜨기로 뜨면서 '덮어씌워 잇기'를 한다.

머리

a, b 겉면을 마주 대고 겉뜨기로 뜨면서 덮어씌워 잇기

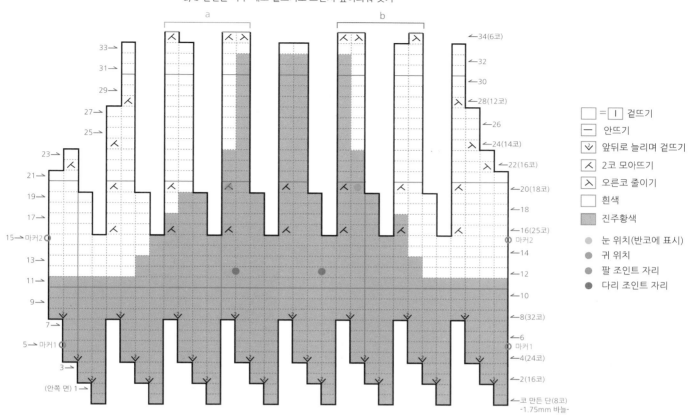

□ = Ⅰ	겉뜨기
—	안뜨기
⍌	앞뒤로 늘리며 겉뜨기
⅄	2코 모아뜨기
⅄	오른코 줄이기
□	흰색
▨	진주황색

● 눈 위치(반코에 표시)
● 귀 위치
● 팔 조인트 자리
● 다리 조인트 자리

몸통

돗바늘로 마무리

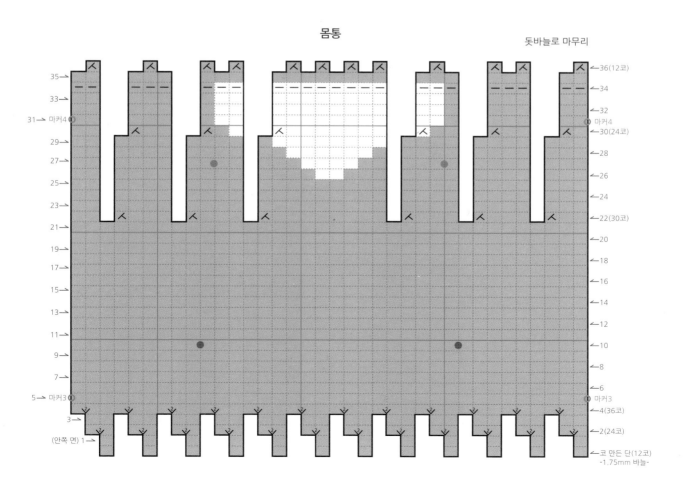

93

몸통

～～～	1.75mm 막대바늘과 진주황색 실(바탕색 표시 X)을 써서 '일반코잡기'로 12코를 만든다(몸통 아래쪽)
1단	(안쪽 면) 안뜨기
2단	앞뒤로 늘리며 겉뜨기 12 (총 24코)
3단	안뜨기
4단	(겉 1, 앞뒤로 늘리며 겉뜨기 1)×12 (총 36코)
5단	안뜨기. 첫코와 끝코에 마커 또는 별색 실로 표시.
6~10단	메리야스뜨기 5단. 10단 9~10번째 코 사이와 27~28번째 코 사이에 마커 또는 별색 실로 표시.
11~21단	안뜨기로 시작하는 메리야스뜨기 11단
22단	(겉 2, 2코 모아뜨기 1, 겉 1)×3, 겉 6, (겉 1, 2코 모아뜨기 1, 겉 2)×3 (총 30코)
23~25단	안뜨기로 시작하는 메리야스뜨기 3단
26단	겉 14, 흰색 실을 연결하여 겉 2, 겉 14
27단	안 13, 안 4, 안 13. 8~9번째 코 사이와 22~23번째 코 사이에 마커 또는 별색 실로 표시.
28단	겉 12, 겉 6, 겉 12
29단	안 11, 안 8, 안 11
30단	(겉 1, 2코 모아뜨기 1, 겉 1)×2, 겉 1, 2코 모아뜨기 1, 겉 7, 2코 모아뜨기 1, 겉 1, (겉 1, 2코 모아뜨기 1, 겉 1)×2, 겉 1 (총 24코)
31단	안 6, 안 12, 안 6. 첫코와 끝코에 마커 또는 별색 실로 표시.
32단	겉 6, 겉 12, 겉 6
33~34단	31단 2회 반복
35단	안뜨기
36단	2코 모아뜨기 12 (총 12코)
～～～	꼬리실을 15cm 이상 남기고 자른 다음 '돗바늘로 마무리'한다.

tip. 키가 더 작은 여우를 만들고 싶다면? 몸통 11~21단 안뜨기로 시작하는 메리야스뜨기 11단을 5단으로 줄여서 뜨면 된다.

팔

---------- **왼쪽 팔**

～～～	1.75mm 막대바늘과 진주황색 실(바탕색 표시 X)을 써서 '일반코잡기'로 8코를 만든다(팔 몸쪽부터).
1단	(앞뒤로 늘리며 겉뜨기 1, 겉 2, 앞뒤로 늘리며 겉뜨기 1)×2 (총 12코)
2단	안뜨기
3단	(앞뒤로 늘리며 겉뜨기 1, 겉 4, 앞뒤로 늘리며 겉뜨기 1)×2 (총 16코)
4~8단	안뜨기로 시작하는 메리야스뜨기 5단. 5단 첫코와 끝코에 마커 또는 별색 실로 표시.
9단	(오른코 줄이기 1, 겉 4, 2코 모아뜨기 1)×2 (총 12코)
10~14단	안뜨기로 시작하는 메리야스뜨기 5단
15단	(오른코 줄이기 1, 겉 2, 2코 모아뜨기 1)×2 (총 8코)
16~20단	안뜨기로 시작하는 메리야스뜨기 5단. 18단 첫코와 끝코에 마커 또는 별색 실로 표시.
21단	겉 4, 초콜릿색 실을 연결하여 겉 4
22단	안 4, 안 4
23~24단	21~22단과 동일
～～～	바늘 1에 4코, 바늘 2에 4코 나눠서 겉면을 마주대고 겉뜨기로 뜨면서 '덮어씌워 잇기'를 한다.

---------- **오른쪽 팔**

1~20단	왼쪽 팔 1~20단과 동일하게 뜬다.
21단	초콜릿색 실을 연결하여 겉 4, 진주황색 실을 연결하여 겉 4
22단	안 4, 안 4

23~24단 21~22단과 동일

바늘 1에 4코, 바늘 2에 4코 나눠서 겉면을 마주대고 겉뜨기로 뜨면서 '덮어씌워 잇기'를 한다.

오른쪽 팔

a, b 겉면을 마주 대고 겉뜨기로 뜨면서 덮어씌워 잇기

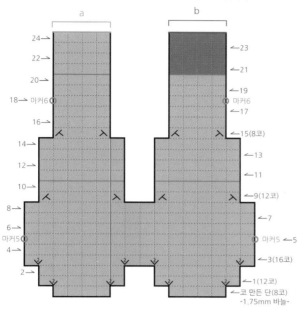

왼쪽 팔

a, b 겉면을 마주 대고 겉뜨기로 뜨면서 덮어씌워 잇기

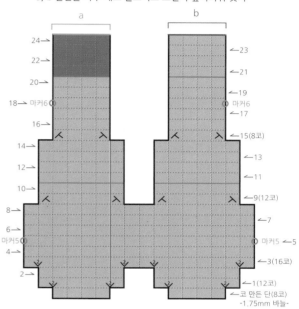

다리×2

a, b 겉면을 마주 대고 겉뜨기로 뜨면서 덮어씌워 잇기

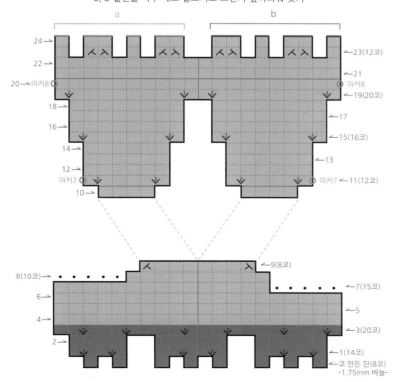

| | = I 겉뜨기 |
| 앞뒤로 늘리며 겉뜨기 |
| 2코 모아뜨기 |
| 오른코 줄이기 |
| • 겉뜨기로 코막음 |
| 초콜릿색 |
| 진주황색 |

다리

～～～ 1.75mm 막대바늘과 초콜릿색 실을 써서 '일반코잡기'로 8코를 만든다(발바닥부터).

1단 (앞뒤로 늘리며 겉뜨기 2, 겉 1)×2, 앞뒤로 늘리며 겉뜨기 2 (총 14코)

2단 안뜨기

3단 (앞뒤로 늘리며 겉뜨기 1, 겉 1)×2, 겉 1, (앞뒤로 늘리며 겉뜨기 1, 겉 1)×2, 겉 1,
(앞뒤로 늘리며 겉뜨기 1, 겉 1)×2, (총 20코)

4~6단 진주황색 실(바탕색 표시 X)을 연결하여 안뜨기로 시작하는 메리야스뜨기 3단

7단 겉뜨기로 코막음 5코, 겉 15 (총 15코)

8단 안뜨기로 코막음 5코, 안 10 (총 10코)

9단 오른코 줄이기 1, 겉 6, 2코 모아뜨기 1 (총 8코)

10단 안뜨기

11단 앞뒤로 늘리며 겉뜨기 1, 겉 2, 앞뒤로 늘리며 겉뜨기 2, 겉 2, 앞뒤로 늘리며 겉뜨기 1.
첫코와 끝코에 마커 또는 별색 실로 표시. (총 12코)

12~14단 안뜨기로 시작하는 메리야스뜨기 3단

15단 앞뒤로 늘리며 겉뜨기 1, 겉 4, 앞뒤로 늘리며 겉뜨기 2, 겉 4, 앞뒤로 늘리며 겉뜨기 1 (총 16코)

16~18단 안뜨기로 시작하는 메리야스뜨기 3단

19단 앞뒤로 늘리며 겉뜨기 1, 겉 6, 앞뒤로 늘리며 겉뜨기 2, 겉 6, 앞뒤로 늘리며 겉뜨기 1 (총 20코)

20~22단 안뜨기로 시작하는 메리야스뜨기 3단. 20단 첫코와 끝코에 마커 또는 별색 실로 표시.

23단 겉 1, (오른코 줄이기 1, 2코 모아뜨기 1, 겉 1, 오른코 줄이기 1, 2코 모아뜨기 1)×2, 겉 1 (총 12코)

24단 안뜨기

～～～ 바늘 1에 6코, 바늘 2에 6코 나눠서 겉면을 마주 대고 겉뜨기로 뜨면서 '덮어씌워 잇기'를 한다.
같은 방법으로 다리 1개를 더 뜬다.

귀

～～～ 1.75mm 막대바늘과 진주황색 실(바탕색 표시 X)을 써서 '일반코잡기'로 19코를 만든다(귀 몸쪽부터)

1단 겉 6, 흰색 실을 연결하여 겉 7, 겉 6

2단 안 6, 안 7, 안 6

3단 겉 6, 겉 7, 겉 6

4단 2단과 동일

5단 겉 3, 2코 모아뜨기 1, 겉 1, 오른코 줄이기 1, 겉 3, 2코 모아뜨기 1, 겉 1, 오른코 줄이기 1, 겉 3 (총 15코)

6단 안 5, 안 5, 안 5

7단 겉 2, 2코 모아뜨기 1, 겉 1, 오른코 줄이기 1, 겉 1, 2코 모아뜨기 1, 겉 1, 오른코 줄이기 1, 겉 2 (총 11코)

8단 안 4, 안 3, 안 4

9단 겉 1, 2코 모아뜨기 1, 겉 1, 중심 3코 모아뜨기 1, 겉 1, 오른코 줄이기 1, 겉 1 (총 7코)

10단 안뜨기

11단 2코 모아뜨기 1, 중심 3코 모아뜨기 1, 오른코 줄이기 1 (총 3코)

～～～ 꼬리실을 15cm 이상 남기고 자른 다음 '돗바늘로 마무리'한다. 같은 방법으로 귀 1개를 더 뜬다.

꼬리

～～～ 1.75mm 막대바늘과 진주황색 실(바탕색 표시 X)을 써서 '원형코잡기'로 12코를 만든다(꼬리 몸쪽부

1~2단 겉뜨기 2단

3단 (겉 1, 앞뒤로 늘리며 겉뜨기 1)×6 (총 18코)

4~6단 겉뜨기 3단

7단 (겉 2, 앞뒤로 늘리며 겉뜨기 1)×6 (총 24코)

8~14단 겉뜨기 7단

15단 (겉 2, 2코 모아뜨기 1)×6 (총 18코)

16~20단 겉뜨기 5단

21단 (겉 1, 2코 모아뜨기 1)×6 (총 12코)

22~28단	흰색 실을 연결하여 겉뜨기 7단
29단	2코 모아뜨기 6 (총 6코)
∿	꼬리실을 15cm 이상 남기고 자른 다음 '돗바늘로 마무리'한다.

귀×2

돗바늘로 마무리

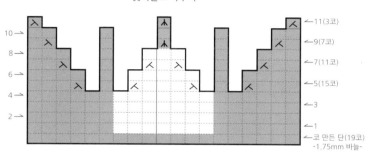

10 →
8
6
4
2
←11(3코)
←9(7코)
←7(11코)
←5(15코)
←3
←1
코 만든 단(19코)
-1.75mm 바늘-

	= I 겉뜨기
∨	앞뒤로 늘리며 겉뜨기
人	2코 모아뜨기
入	오른코 줄이기
木	중심 3코 모아뜨기
	흰색
▨	진주황색

꼬리

돗바늘로 마무리

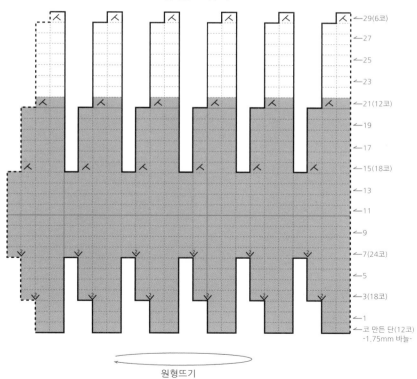

←29(6코)
←27
←25
←23
←21(12코)
←19
←17
←15(18코)
←13
←11
←9
←7(24코)
←5
←3(18코)
←1
코 만든 단(12코)
-1.75mm 바늘-

원형뜨기

여우 조립하기

· 전체 조립과정은 인형 만들기의 기초(192~199쪽)를 따라 진행하되, 여우의 특성에 맞게 달리 작업해야 할 부분에 유의한다.
· 과정 사진에서는 알아보기 쉽도록 굵은 실을 사용했다.
· 스티치 그림에서 홀수 번호는 바늘이 나오는 곳, 짝수 번호는 바늘이 들어가는 곳이다.

◆ 부위별 마무리 ~ 눈 달기

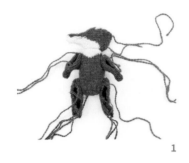

1

2

1   인형 만들기의 기초 '1. 부위별 마무리'에서 '2. 조인트 넣기'까지 진행한다.
2   다음으로 '3. 솜 넣기', '4. 눈 달기'까지 진행하고, 코, 인중, 입 위치를 수성펜으로 표시한다.

◆ 코, 인중, 입 스티치

1

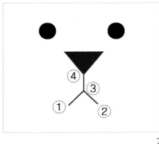

2

3

1   코: '곰돌이 조립하기 > 코, 인중, 입 스티치'(22~23쪽) 2~3번을 참조해 초콜릿색 실로 수놓는다.
2   인중과 입: 진갈색 자수실 한 가닥으로 ①~④번까지 '플라이 스티치'('곰돌이 조립하기> 코, 인중, 입 스티치' 4~8번 참조)를 한 다음, 바늘을 머리의 창구멍으로 통과시켜 매듭을 짓고 실을 자른다.
3   완성한 모습.

◆ 귀 달기

1

2

3

4

1 '토끼 조립하기> 귀 달기'(59쪽) 1~4번과 같이 진행한다.
2 머리 12단을 수성펜으로 표시하고, 차트도안을 참조해 귀 위치를 표시한다.
3 귀의 붙은 모양이 약간 곡선이 되도록 주의하면서, 머리에 귀를 시침핀으로 고정하고 귀와 머리가 닿은 선을 따라 수성펜으로 바느질 선을 그린다.
4 귀에 시침핀을 꽂고 앞에서 본 모습.
5 귀의 가장 아랫단 코와 표시해둔 바느질 선을 '메리야스 잇기'로 연결한다(인형을 돌려가며 작업하면 수월하다). 실이 보이지 않도록 바짝 당기면서 바느질하고, 남은 실은 머리 창구멍으로 통과시켜 매듭을 짓고 자른다. 같은 방법으로 반대쪽 귀도 단다.

◆ 꼬리 달기

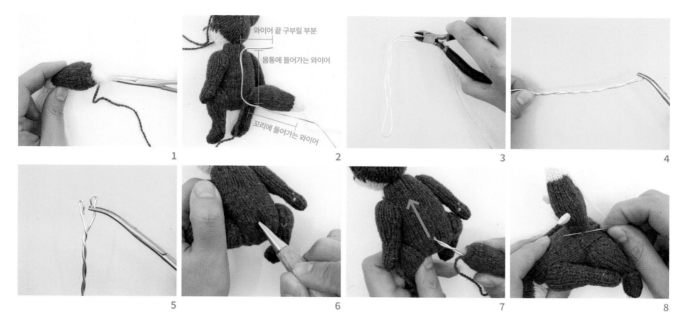

1 겸자를 이용하여 꼬리에 솜을 넣는다.
2 꼬리를 시침핀으로 몸통에 고정하고, 몸통과 꼬리에 넣을 1.5mm 공예용 철사(와이어)로 구부릴 부분(약 2cm), 목 아래 0.5cm 밑에서 꼬리 붙는 지점까지(약 3.5cm), 꼬리 붙는 지점에서 꼬리 끝까지(약 4.5cm) 길이를 잰다. 길이는 완성작의 크기에 맞춰 조절한다.
3 와이어는 잰 길이의 2배(약 20cm)를 준비해서 반으로 접고 나머지는 니퍼로 잘라낸다.
4 겸자를 사용해서 와이어를 적당히 꼰다. 너무 많이 꼬면 와이어가 끊어질 수 있으니 주의한다.
5 몸통 속으로 넣을 때 솜에 걸리지 않도록 와이어 끝을 겸자로 둥글게 꺾는다.
6 몸통의 꼬리가 달리는 위치에 와이어가 들어갈 수 있도록 송곳으로 찔러 구멍을 낸다.
7 구멍을 통해 와이어를 몸통으로 밀어넣고(중심 위 방향) 와이어 반대쪽은 꼬리에 넣는다.
8 시침핀으로 다시 꼬리를 고정하고 꼬리실에 돗바늘을 꿰어 꼬리와 몸통을 '코와 코 잇기'로 연결한 다음 매듭짓는다. 남은 실은 몸통 깊이 통과시키고 잘라 정리한다.

◆ 머리 창구멍 닫기 ~ 얼굴 생동감 표현

1   인형 만들기의 기초 '5. 머리 창구멍 닫기'와 '6. 수성펜 지우기'를 진행하고 '7. 기모내기' 방법으로
     머리, 몸통, 팔, 다리, 귀, 꼬리에 기모를 낸다.

2   '8. 얼굴 생동감 표현'(199쪽)을 참조하여 K16번 패브릭잉크를 귀 라인에, 133번 패브릭잉크를 양 볼에 살살 바른다.

3   '9. 펠트용 바늘로 눈 라인 표현'(199쪽)을 진행한다.

how to make
멜빵바지 뜨기

바지

〰	1.5mm 막대바늘과 진청색 실(바탕색 표시 X)을 써서 '일반코잡기'로 22코를 만든다.
1단	(안쪽 면) 겉뜨기
2~3단	메리야스뜨기 2단
4단	앞뒤로 늘리며 겉뜨기 1, 겉 20, 앞뒤로 늘리며 겉뜨기 1 (총 24코)
5단	안뜨기. 첫코와 끝코에 마커 또는 별색 실로 표시.
	실을 자르고 코는 바늘에 걸어둔다(바지 오른쪽).
	다른 1.5mm 막대바늘과 진청색 실을 써서 같은 방법으로 5단까지 뜨는데,
	이번에는 실을 자르지 않고 코를 바늘에 걸어둔다(바지 왼쪽).
	바지 왼쪽의 코와 바지 오른쪽의 코를 이어서 뜨며 연결하는데, 6~7단 시작 부분의 감아코는
	101쪽 사진과 설명을 참조한다.
6단	(바지 왼쪽) 감아코 5코를 만들어 겉 5, 겉 24, 감아코 만들기 8, (바지 오른쪽) 겉 24 (총 61코)
7단	6단 끝에서 감아코 5코를 만들어 편물을 돌리고 안 5, 안 23, 안뜨기로 2코 모아뜨기 1, 안 6, 안뜨기로 2코 모아뜨기 1, 안 28 (총 64코)
8~9단	메리야스뜨기 2단
10단	겉 29, 끌어올려 겉뜨기로 늘리기 1, 겉 7, 끌어올려 겉뜨기로 늘리기 1, 겉 28 (총 66코)
11단	안뜨기
12단	겉뜨기로 코막음 2코, 겉 64 (총 64코)
13단	안뜨기로 코막음 2코, 안 60, 안뜨기로 오른코 줄이기 1 (총 61코)
14단	오른코 줄이기 1, 겉 57, 2코 모아뜨기 1 (총 59코)
15단	안뜨기로 2코 모아뜨기 1, 안 55, 안뜨기로 오른코 줄이기 1 (총 57코)
16단	겉 55, 2코 모아뜨기 1 (총 56코)
17~18단	안뜨기로 시작하는 메리야스뜨기 2단
19단	앞뒤로 늘리며 안뜨기 1, 안 54, 앞뒤로 늘리며 안뜨기 1 (총 58코)
20단	앞뒤로 늘리며 겉뜨기 1, 겉 56, 앞뒤로 늘리며 겉뜨기 1 (총 60코)

오른쪽 검지에 실을 걸고, 왼쪽 바늘을 화살표 방향으로 넣는다.

손가락을 실 아래로 빼내면서 바늘로 실을 잡아당긴다. 감아코 1코 완성.

1~2번 과정을 반복해서 감아코 5코를 만든다.

감아코에 겉뜨기 5코를 한다.

6단(겉뜨기 단)을 뜨고 나서 편물을 돌리지 않고, 사진과 같이 왼쪽 검지에 실을 걸고 오른쪽 바늘을 화살표 방향으로 넣는다.

손가락을 실 아래로 빼내면서 바늘로 실을 잡아당긴다. 감아코 1코 완성.

1~2번 과정을 반복해서 감아코 5코를 만든다.

편물을 돌려 감아코에 안뜨기 5코를 한다.

21단	앞뒤로 늘리며 안뜨기 1, 안 58, 앞뒤로 늘리며 안뜨기 1 (총 62코)
22단	감아코 4코를 만들어 겉 4, 겉 62 (총 66코)
23단	22단 끝에서 감아코 4코를 만들어 편물을 돌리고 겉 4, 안 62, 겉 4 (총 70코)
24단	겉뜨기
25단	겉 4, 안 62, 겉 4
26단	겉 6, (2코 모아뜨기 1, 겉 1)×5, 겉 11, 그러데이션보라색 실을 연결하여 겉 6, 겉 11, (겉 1, 2코 모아뜨기 1)×5, 겉 2, 2코 모아뜨기 1, 바늘비우기 1, 겉 2 (총 60코)
27단	겉 17, 안 9, 안 8, 안 9, 겉 17
28단	안뜨기로 코막음 17코, 겉 8, 겉 10, 겉 8, 안뜨기로 코막음 17코 (총 26코)
29단	진청색 실을 걸어 뜨기 시작한다. 안뜨기로 2코 모아뜨기 1, 안 6, 안 10, 안 6, 안뜨기로 오른코 줄이기 1 (총 24코)
30단	오른코 줄이기 1, 겉 5, 겉 10, 겉 5, 2코 모아뜨기 1 (총 22코)
31단	안뜨기로 2코 모아뜨기 1, 안 4, 안 10, 안 4, 안뜨기로 오른코 줄이기 1 (총 20코)
32단	오른코 줄이기 1, 겉 3, 빨간색 실을 연결하여 겉 10, 겉 3, 2코 모아뜨기 1 (총 18코)
33단	안뜨기로 2코 모아뜨기 1, 안 14, 안뜨기로 오른코 줄이기 1 (총 16코)
34단	오른코 줄이기 1, 겉 12, 2코 모아뜨기 1 (총 14코)
35~38단	안뜨기로 시작하는 메리야스뜨기 4단
39단	겉뜨기
	'안뜨기로 코막음'을 한다.

오른쪽 뒤판

앞판

2.8cm

1.5cm

2.6cm

끈 위치

끈 위치

1.5cm
(12단)

39

37

35

33(16코)→

31(20코)→

29(24코)→

주머니 위치

27→

25→

23(70코)→

끈 위치

21(62코)→

19(58코)→

17→

15(57코)→

3cm
(22단)

13(61코)→

11→

9→

7(64코)→

5→ 마커 ⓞ

ⓞ 마커

5→ 마커

←4(24코)

3→

←2

3→

0.7cm
(5단)

(안쪽 면) 1→

코 만든 단(22코)
-1.5mm 바늘-

(안쪽 면) 1→

4cm
①오른쪽 다리

주머니

--------- 주머니 입구

주머니 라인을 표시해둔 빨간색 실을 풀어내며 '주머니 코줍기' 그림을 참조하여 1.5mm 바늘 2개로 위에서 11코, 아래에서 10코를 줍는다. 위쪽 11코를 바늘에 걸어두고, 먼저 아래 바늘의 10코에 그러데이션보라색 실을 걸어 '주머니 입구'를 뜨기 시작한다.

1단   (겉면) 감아코 1, 겉 10, 감아코 1 (총 12코)

2단   겉뜨기
       '안뜨기로 코막음'을 한다.

--------- 주머니 안쪽

위쪽 바늘의 11코에 진청색 실(바탕색 표시 X)을 걸어 '주머니 안쪽'을 뜨기 시작한다
(뜨는 방향은 위에서 아래로).

1단   감아코 1, 겉 11, 감아코 1 (총 13코)

2~8단   안뜨기로 시작하는 메리야스뜨기 7단
       '겉뜨기로 코막음'을 한다.

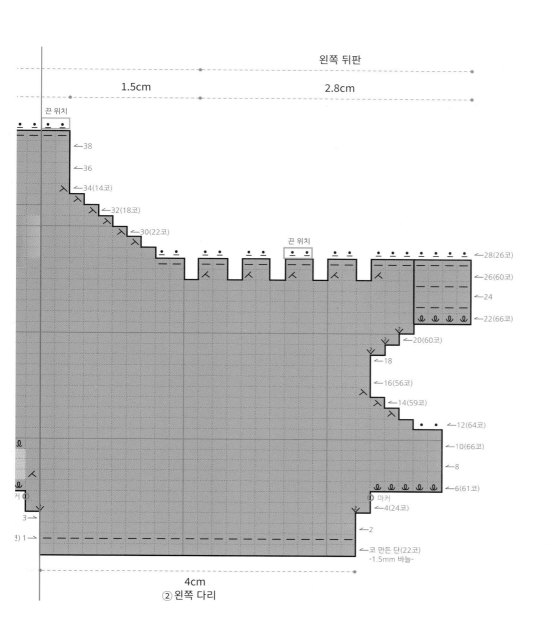

왼쪽 뒤판

1.5cm   2.8cm

끈 위치

←38
←36
←34(14코)
←32(18코)
←30(22코)

끈 위치
←28(26코)
←26(60코)
←24
←22(66코)
←20(60코)
←18
←16(56코)
←14(59코)
←12(64코)
←10(66코)
←8
←6(61코)
마커
←4(24코)
←2
3→
시)1→
←코 만든 단(22코)
-1.5mm 바늘-

4cm
② 왼쪽 다리

□ =	I	겉뜨기
—		안뜨기
ℒ		끌어올려 겉뜨기로 늘리기
⩗		앞뒤로 늘리며 겉뜨기
⅄		2코 모아뜨기
○		바늘 비우기
⋋		오른코 줄이기
•		겉뜨기로 코막음
∴		안뜨기로 코막음
ℒ		감아코 만들기

진청색
빨간색
그러데이션보라색
△ 새 실 걸기

주머니 코줍기

주머니 라인에 표시해둔 빨간색 실을 풀어내며 그림을 참고하여
1.5mm 바늘 2개로 위 11코, 아래 10코를 주워 각 바늘에 걸어둔다.
주머니 입구는 아래에서 위 방향으로, 주머니 안쪽은 위에서 아래 방향으로 뜬다.

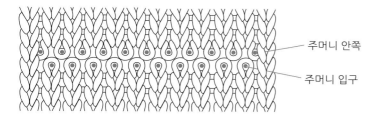

주머니 입구

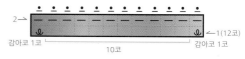

2→
←1(12코)
감아코 1코 └── 10코 ──┘ 감아코 1코

주머니 안쪽

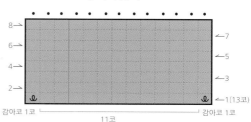

8→   ←7
6→   ←5
4→   ←3
2→   ←1(13코)
감아코 1코 └── 11코 ──┘ 감아코 1코

주머니 안쪽
주머니 입구

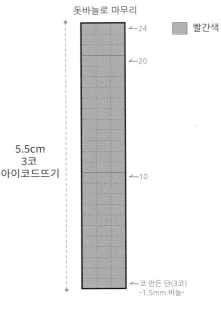

어깨끈

1~24단

1.5mm 막대바늘과 빨간색 실을 써서 '일반코잡기'로 3코를 만든다. 꼬리실은 15cm 이상 남긴다.
3코 아이코드뜨기 24단(5.5cm)
꼬리실을 15cm 이상 남기고 자른 다음 '돗바늘로 마무리'한다. 같은 방법으로 어깨끈 1개를 더 뜬다.

어깨끈×2

돗바늘로 마무리

5.5cm
3코
아이코드뜨기

빨간색

←24

←20

←10

←코 만든 단(3코)
-1.5mm 바늘-

마무리

1 스팀다리미로 저온에서 다림질한다.
2 주머니 입구 양쪽 '감아코' 부분을 앞판 겉면에 '메리야스 잇기'로 연결한다.
3 주머니 안감의 3면을 바지 안쪽에서 감침질로 연결한다.
4 '멜빵바지 마무리하기' 그림을 참조하여 각 부분을 꿰매고 버클을 달아 완성한다.

멜빵바지 마무리하기

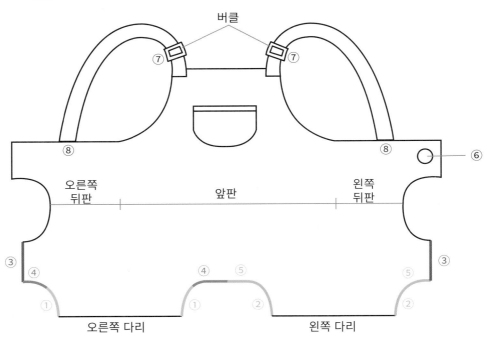

① 오른쪽 다리 옆선은 메리야스 잇기를 한다(마커 표시한 부분까지).
② 왼쪽 다리 옆선은 메리야스 잇기를 한다(마커 표시한 부분까지).
③ 뒤판 옆선은 메리야스 잇기를 한다.
④ 가랑이 부분을 감침질해 잇는다.
⑤ 가랑이 부분을 감침질해 잇는다.
⑥ 단추를 단다.
⑦ 어깨끈을 앞판에 꿰매고 버클을 끼운다.
⑧ 어깨끈을 뒤판에 꿰맨다.
⑨ 남은 실들은 돗바늘에 꿰어 바지 안쪽에서 올 사이로 숨기고 잘라 정리한다.

〜〜〜	2.0mm 막대바늘과 연두색 실을 써서 '일반 코잡기'로 3코를 만든다. 꼬리실은 150cm 이상 남긴다.
1~2단	3코 아이코드뜨기 2단 이어서 '원형뜨기'를 한다(22쪽 참조).
3단	앞뒤로 늘리며 겉뜨기 3 (총 6코)
4단	겉뜨기. 이후 26단까지 짝수 단 동일
5단	겉 1, 앞뒤로 늘리며 겉뜨기 1, 겉 1, 바늘비우기 1, 겉 1, 바늘비우기 1, 겉 1, 앞뒤로 늘리며 겉뜨기 1 (총 10코)
7단	겉 1, 앞뒤로 늘리며 겉뜨기 1, 겉 3, 바늘비우기 1, 겉 1, 바늘비우기 1, 겉 3, 앞뒤로 늘리며 겉뜨기 1 (총 14코)
9단	겉 1, 앞뒤로 늘리며 겉뜨기 1, 겉 5, 바늘비우기 1, 겉 1, 바늘비우기 1, 겉 5, 앞뒤로 늘리며 겉뜨기 1 (총 18코)
11단	겉 1, 앞뒤로 늘리며 겉뜨기 1, 겉 7, 바늘비우기 1, 겉 1, 바늘비우기 1, 겉 7, 앞뒤로 늘리며 겉뜨기 1 (총 22코)
13단	겉 1, 앞뒤로 늘리며 겉뜨기 1, 겉 9, 바늘비우기 1, 겉 1, 바늘비우기 1, 겉 9, 앞뒤로 늘리며 겉뜨기 1 (총 26코)
15단	겉 1, 앞뒤로 늘리며 겉뜨기 1, 겉 11, 바늘비우기 1, 겉 1, 바늘비우기 1, 겉 11, 앞뒤로 늘리며 겉뜨기 1 (총 30코)
17단	겉 1, 앞뒤로 늘리며 겉뜨기 1, 겉 13, 바늘비우기 1, 겉 1, 바늘비우기 1, 겉 13, 앞뒤로 늘리며 겉뜨기 1 (총 34코)
19단	겉 1, 앞뒤로 늘리며 겉뜨기 1, 겉 15, 바늘비우기 1, 겉 1, 바늘비우기 1, 겉 15, 앞뒤로 늘리며 겉뜨기 1 (총 38코)
21단	겉 1, 앞뒤로 늘리며 겉뜨기 1, 겉 17, 바늘비우기 1, 겉 1, 바늘비우기 1, 겉 17, 앞뒤로 늘리며 겉뜨기 1 (총 42코)
23단	겉 1, 앞뒤로 늘리며 겉뜨기 1, 겉 19, 바늘비우기 1, 겉 1, 바늘비우기 1, 겉 19, 앞뒤로 늘리며 겉뜨기 1 (총 46코)
25단	겉 1, 앞뒤로 늘리며 겉뜨기 1, 겉 21, 바늘비우기 1, 겉 1, 바늘비우기 1, 겉 21, 앞뒤로 늘리며 겉뜨기 1 (총 50코)
27단	겉 1, 앞뒤로 늘리며 겉뜨기 1, 겉 23, 바늘비우기 1, 겉 1, 바늘비우기 1, 겉 23, 앞뒤로 늘리며 겉뜨기 1 (총 54코)
28~38단	겉뜨기 11단
39단	겉 12, 2코 모아뜨기 1, 오른코 줄이기 1, 겉 23, 2코 모아뜨기 1, 오른코 줄이기 1, 겉 11 (총 50코)
40단	겉뜨기. 이후 60단까지 짝수 단 동일
41단	겉 11, 2코 모아뜨기 1, 오른코 줄이기 1, 겉 21, 2코 모아뜨기 1, 오른코 줄이기 1, 겉 10 (총 46코)
43단	겉 10, 2코 모아뜨기 1, 오른코 줄이기 1, 겉 19, 2코 모아뜨기 1, 오른코 줄이기 1, 겉 9 (총 42코)
45단	겉 9, 2코 모아뜨기 1, 오른코 줄이기 1, 겉 17, 2코 모아뜨기 1, 오른코 줄이기 1, 겉 8 (총 38코)
47단	겉 8, 2코 모아뜨기 1, 오른코 줄이기 1, 겉 15, 2코 모아뜨기 1, 오른코 줄이기 1, 겉 7 (총 34코)
49단	겉 7, 2코 모아뜨기 1, 오른코 줄이기 1, 겉 13, 2코 모아뜨기 1, 오른코 줄이기 1, 겉 6 (총 30코)
51단	겉 6, 2코 모아뜨기 1, 오른코 줄이기 1, 겉 11, 2코 모아뜨기 1, 오른코 줄이기 1, 겉 5 (총 26코)
53단	겉 5, 2코 모아뜨기 1, 오른코 줄이기 1, 겉 9, 2코 모아뜨기 1, 오른코 줄이기 1, 겉 4 (총 22코)
55단	겉 4, 2코 모아뜨기 1, 오른코 줄이기 1, 겉 7, 2코 모아뜨기 1, 오른코 줄이기 1, 겉 3 (총 18코)
57단	겉 3, 2코 모아뜨기 1, 오른코 줄이기 1, 겉 5, 2코 모아뜨기 1, 오른코 줄이기 1, 겉 2 (총 14코)

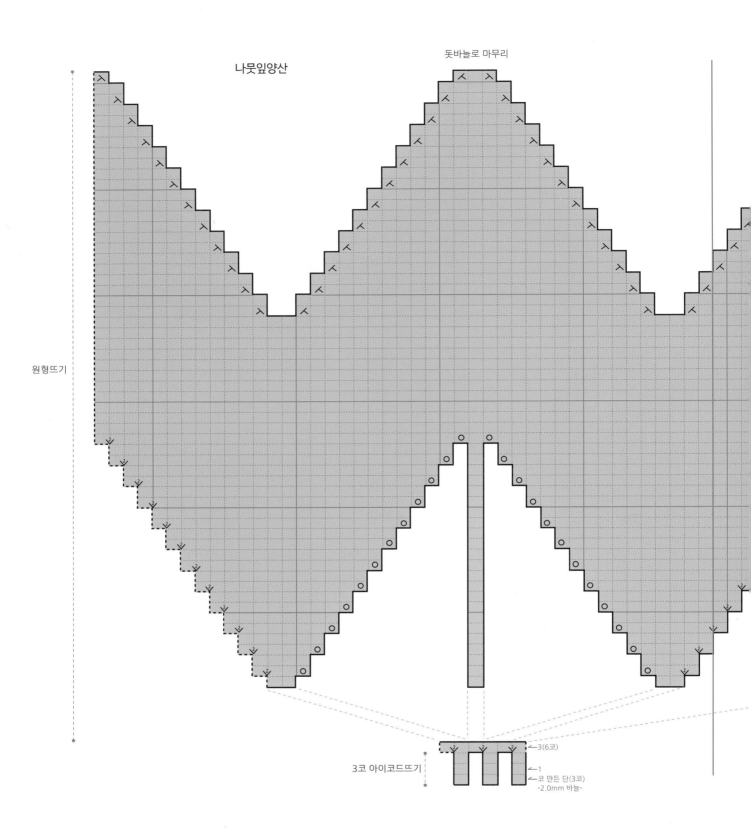

나뭇잎양산

돗바늘로 마무리

원형뜨기

3코 아이코드뜨기

3(6코)

1

코 만든 단(3코)

-2.0mm 바늘-

| 59단 | 겉 2, 2코 모아뜨기 1, 오른코 줄이기 1, 겉 3, 2코 모아뜨기 1, 오른코 줄이기 1, 겉 1 (총 10코) |
| 61단 | 겉 1, 2코 모아뜨기 1, 오른코 줄이기 1, 겉 1, 2코 모아뜨기 1, 오른코 줄이기 1 (총 6코) |

실을 15cm 이상 남기고 자른 다음 '돗바늘로 마무리'하는데, 창구멍이 남을 정도로만 조인다.

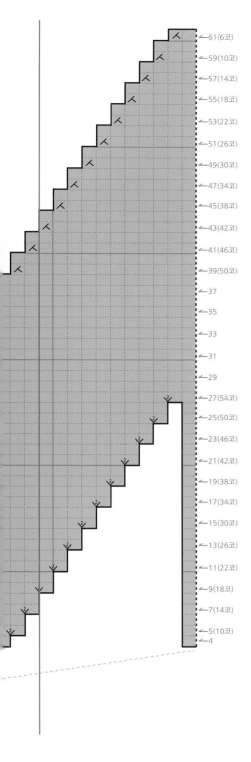

←61(6코)
←59(10코)
←57(14코)
←55(18코)
←53(22코)
←51(26코)
←49(30코)
←47(34코)
←45(38코)
←43(42코)
←41(46코)
←39(50코)
←37
←35
←33
←31
←29
←27(54코)
←25(50코)
←23(46코)
←21(42코)
←19(38코)
←17(34코)
←15(30코)
←13(26코)
←11(22코)
←9(18코)
←7(14코)
←5(10코)
←4

☐ –|ㅣ 겉뜨기
☑ 앞뒤로 늘리며 겉뜨기
☒ 2코 모아뜨기
☒ 오른코 줄이기
☐ 바늘 비우기

마무리

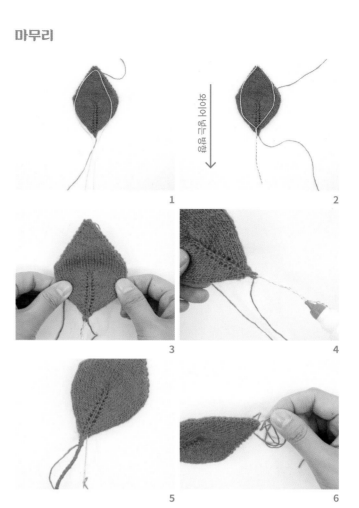

1 나뭇잎양산을 스팀다리미로 저온에서 다림질하고, 1.0mm 공예용
  와이어를 사진처럼 나뭇잎 부분과 줄기(2줄) 부분에 필요한 길이
  (약 50cm)만큼 니퍼로 잘라낸다. 와이어 길이는 완성작의 크기에
  맞춰 조절한다.
2 사진과 같이 줄기(약 12cm) 부분만 겸자를 사용해서 꼬고,
  줄기 부분을 창구멍(마무리한 곳)으로 넣고 당겨 나뭇잎 부분의
  와이어를 편물 속으로 집어넣는다.
3 편물 속의 나뭇잎 와이어를 양쪽으로 잘 편다.
4 줄기 부분의 와이어에 목공풀을 바르고, 코 만들 때 남긴 꼬리실을
  위→아래로 감고, 다시 아래→위로 촘촘히 감는다.
5 남은 꼬리실은 돗바늘에 꿰어 나뭇잎 안쪽으로 깊숙이 통과시켜
  매듭짓고 잘라 정리한다.
6 코 마무리한 곳에 남긴 실을 돗바늘에 꿰어 창구멍을 조인 후
  나뭇잎 안쪽으로 깊숙이 통과시켜 매듭짓고 잘라 정리한다.

〜〜〜 1.75mm 막대바늘과 빨간색 실을 써서 '원형코잡기'로 10코를 만든다(무당벌레 꽁지부터).

1단 겉뜨기

2단 겉 2, 앞뒤로 늘리며 겉뜨기 2, 겉 3, 앞뒤로 늘리며 겉뜨기 2, 겉 1 (총 14코)

3단 겉 3, 앞뒤로 늘리며 겉뜨기 2, 겉 5, 앞뒤로 늘리며 겉뜨기 2, 겉 2 (총 18코)

4~7단 겉뜨기 4단

8단 겉 3, 2코 모아뜨기 1, 오른코 줄이기 1, 겉 5, 2코 모아뜨기 1, 오른코 줄이기 1, 겉 2 (총 14코)

9단 빨간색 실은 자르고, 검은색 실(바탕색 표시 X)을 연결하여 겉 2, 2코 모아뜨기 1,
오른코 줄이기 1, 겉 3, 2코 모아뜨기 1, 오른코 줄이기 1, 겉 1 (총 10코)

10단 겉 1, 2코 모아뜨기 1, 오른코 줄이기 1, 겉 1, 2코 모아뜨기 1, 오른코 줄이기 1 (총 6코)

〜〜〜 실을 15cm 이상 남기고 자른 다음 '돗바늘로 마무리'하는데, 창구멍이 남을 정도로만 조인다.

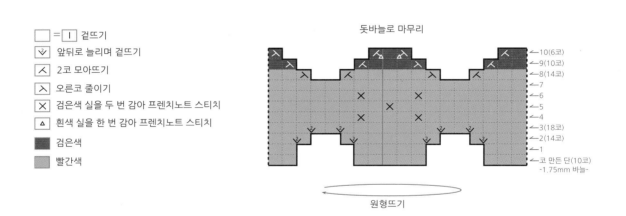

마무리

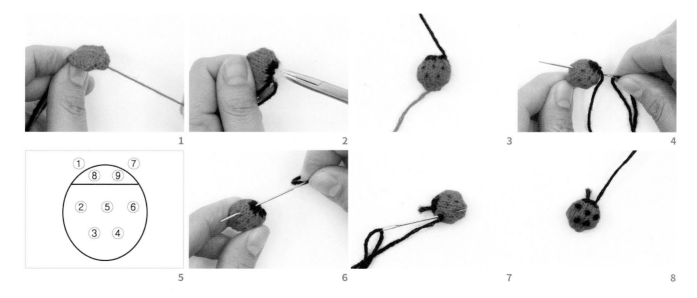

9 10 11 12

13

1 코 만든 단은 '감침질하고 돗바늘로 마무리'하고, 남은 실은 몸통 안쪽으로 넣어 정리한다.

2 창구멍을 통해 겸자로 솜을 채워 넣는다. 솜의 양은 편물 조직이 늘어나지 않는 정도가 적당하다.

3 차트도안을 참조하여 무당벌레 등에 스티치할 곳을 수성펜으로 표시한다.

4 '돗바늘로 마무리'한 곳의 꼬리실을 돗바늘에 꿰어 조인 후 돗바늘을 몸통 깊숙이 통과시켜 실을 매듭짓고 잘라 정리한다.

5 무당벌레의 점은 매듭으로 수를 놓는 '프렌치노트 스티치'(아래 설명 참조)로 표현한다. 스티치 순서를 보여주는 그림.

6 검은색 실을 돗바늘에 꿰어 매듭을 한 번 지은 다음 ①로 돗바늘을 넣고 ②로 돗바늘을 뺀다.

7 바늘에 실을 두 번 감고 ② 위치로 바늘을 다시 넣어 ③으로 뺀다.

8 이런 방법으로 ⑥까지 프렌치노트 스티치를 하고 ⑦로 돗바늘을 뺀다.

9 매듭을 한 번 짓고 ⑦과 ①의 실끝을 나란하게 잘라 더듬이를 연출한다.

10 흰색 실을 돗바늘에 꿰어 매듭을 한 번 짓고 '코 만든 곳'으로 바늘을 넣어 ⑧로 보낸다.

11 바늘에 실을 한 번 감고 ⑧로 다시 돗바늘을 넣어 ⑨로 뺀다.

12 바늘에 실을 한 번 감고 ⑨로 돗바늘을 찔러 몸통 깊숙이 통과시켜 매듭짓고 실을 잘라 정리한다.

13 무당벌레를 완성한 모습.

프렌치노트 스티치

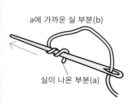

a에 가까운 실 부분(b)

실이 나온 부분(a)

(a)

⊛

(a)로 바늘을 빼낸다. 바늘에 필요한 횟수만큼 실(b)을 감는다. 바늘을 살살 당겨서 화살표 방향으로 뺀다.

(a)로 바늘을 넣고 실을 당긴다.

완성한 모습.

finishing

전체 마무리

멜빵바지를 여우에게 입히고, 나뭇잎양산 위에 무당벌레를 올린다.

Chipmunk Knitting Pattern

다람쥐

한가롭게 낚시를 즐기고 있는 다람쥐 형제예요. 도토리 미끼에도 물고기가 잡힐지 궁금하네요.
배색뜨기로 다람쥐 무늬를 자연스럽게 표현하고, 귀여운 도토리가방과 미니케이프를 함께 뜹니다.

INFORMATION

크기

다람쥐	10.5cm
미니케이프	가로 6.5cm, 세로 10.5cm(끈 포함)
도토리가방	가로 1.5cm, 세로 6cm(끈 포함)

게이지

다람쥐	메리야스뜨기 52코×65단
미니케이프	메리야스뜨기 55코×75단

다람쥐 준비물

실	야나(YARN-A) 니팅포올리브 소프트 실크 모헤어 #36849 브라운누가색(2가닥 사용), #48072 다크코냑색(2가닥 사용), 몬디알(Mondial) 키드 모헤어(Kid Mohair) #501 밝은베이지색(2가닥 사용) 코 – 아인반트(Einband) #0867 초콜릿색 인중, 입, 눈썹 – 자수실 진갈색
바늘	막대바늘 1.75mm 4개, 2.0mm 2개
하드보드 조인트	18mm 1세트(목), 12mm 2세트(팔), 18mm 2세트(다리)
기타	단추눈 4mm 2개, 돗바늘, 모헤어 솜, 송곳, 마커, 수성펜, 면봉, 패브릭 잉크 2색(츠키네코 벌사크래프트 #K16, #133), 시침핀, 겸자, 마감실, 기모브러시, 펠트용 1구 바늘, 양모(흰색), 공예용 철사(1.5mm), 니퍼

- 처음 코를 만들 때나 코막음을 할 때 실을 여유 있게 남긴다. 이 실은 돗바늘에 꿰어 마감하거나 각 부위를 연결할 때 필요하다.
- 뜨는 과정에 나오는 '겉', '안'은 '겉뜨기'와 '안뜨기'의 줄임말이다.
- 얼굴과 몸통, 귀, 미니 케이프는 인따르시아(세로 배색)뜨기로 진행하는데, 연결 코가 느슨하면 구멍이 생길 수 있으므로 주의해서 뜬다.
- 팔꿈치 되돌아뜨기 단에서, 사진에는 이해하기 쉽도록 다른 색 실을 썼으나 실제로는 브라운누가색 실로 계속 뜬다.

미니케이프 준비물

실	랑(Lang) 레인포스먼트(Reinforcement) 꼭지실 #220 하늘색, #001 흰색
바늘	막대바늘 1.5mm 2개
기타	돗바늘, 가위

도토리가방 준비물

실	CM필아트(CM Feelart) 베리에이션사 #VE14 그러데이션아몬드색, 랑 레인포스먼트 꼭지실 #168 갈색
바늘	막대바늘 1.5mm 4개
기타	돗바늘, 가위, 모헤어솜, 겸자

how to make
다람쥐 뜨기

머리

~~~~~ 1.75mm 막대바늘과 브라운누가색 실(바탕색 표시 X)을 써서 '일반코잡기'로 9코를 만든다(뒷머리부터).

1단 (안쪽 면) 안 4, 다크코냑색 실을 연결하여 안 1, 안 4

2단 앞뒤로 늘리며 겉뜨기 4, 앞뒤로 늘리며 겉뜨기 1, 앞뒤로 늘리며 겉뜨기 4 (총 18코)

3단 안 8, 안 2, 안 8

4단 (겉 1, 앞뒤로 늘리며 겉뜨기 1)×4, 겉 1, 앞뒤로 늘리며 겉뜨기 1, (겉 1, 앞뒤로 늘리며 겉뜨기 1)×4 (총 27코)

5단 안 12, 안 3, 안 12. 첫코와 끝코에 마커 또는 별색 실로 표시.

6단 겉 12, 겉 3, 겉 12

7단 안 12, 안 3, 안 12

8단 (겉 2, 앞뒤로 늘리며 겉뜨기 1)×4, 겉 2, 앞뒤로 늘리며 겉뜨기 1, (겉 2, 앞뒤로 늘리며 겉뜨기 1)×4 (총 36코)

9단 밝은베이지색 실을 연결하여 안 12, 안 4, 안 4, 안 4, 안 12. 16~17번째 코 사이, 20~21번째 코 사이에 마커 또는 별색 실로 표시.

10단 겉 12, 겉 4, 겉 4, 겉 4, 겉 12

11단 안 12, 안 4, 안 4, 안 4, 안 12

12단 겉 13, 겉 3, 겉 4, 겉 3, 겉 13

13단 안 13, 안 3, 안 4, 안 3, 안 13

14단 겉 14, 겉 2, 겉 4, 겉 2, 겉 14

15단	안 14, 안 2, 안 4, 안 2, 안 14. 첫코와 끝코에 마커 또는 별색 실로 표시.
16단	겉 1, (겉 2, 2코 모아뜨기 1)×3, 겉 1, 겉 2, 오른코 줄이기 1, 2코 모아뜨기 1, 겉 2, 겉 1, (2코 모아뜨기 1, 겉 2)×3, 겉 1 (총 28코)
17단	안 12, 안 1, 안 2, 안 1, 안 12
18단	겉 12, 겉 1, 겉 2, 겉 1, 겉 12
19단	17단과 동일
20단	겉 2, (겉 1, 2코 모아뜨기 1)×3, 겉 1, 겉 1, 겉 2, 겉 1, 겉 1, (2코 모아뜨기 1, 겉 1)×3, 겉 2. 8번째 코의 반코와 15번째 코의 반코에 마커 또는 별색 실로 표시 (185쪽 '마커 거는 방법' 참조). (총 22코)
21단	안 9, 안 1, 안 2, 안 1, 안 9
22단	오른코 줄이기 1, 겉 7, 겉 1, 2코 모아뜨기 1, 겉 1, 겉 7, 2코 모아뜨기 1 (총 19코)
23단	안 8, 안 1, 안 1, 안 1, 안 8
24단	오른코 줄이기 1, 겉 6, 겉 1, 겉 1, 겉 1, 겉 6, 2코 모아뜨기 1 (총 17코)
25단	안 7, 안 1, 안 1, 안 1, 안 7
26단	겉 7, 겉 1, 겉 1, 겉 1, 겉 7
27~28단	25~26단과 동일
29단	안 7, 안 1, 앞뒤로 늘리며 안뜨기 1, 안 1, 안 7 (총 18코)
30단	오른코 줄이기 1, 겉 3, (오른코 줄이기 1, 2코 모아뜨기 1)×2, 겉 3, 2코 모아뜨기 1 (총 12코)
〜〜〜	바늘 1에 6코, 바늘 2에 6코 나눠서 겉면을 마주 대고 겉뜨기로 뜨면서 '덮어씌워 잇기'를 한다.

몸통

〜〜〜	1.75mm 막대바늘과 브라운누가색 실(바탕색 표시X)을 써서 '일반코잡기'로 12코를 만든다(몸통 아래쪽부터).
1단	(안쪽 면) 안뜨기
2단	앞뒤로 늘리며 겉뜨기 12 (총 24코)
3단	안뜨기
4단	(겉 1, 앞뒤로 늘리며 겉뜨기 1)×12 (총 36코)
5단	안뜨기. 첫코와 끝코에 마커 또는 별색 실로 표시.
6~7단	메리야스뜨기 2단
8단	겉 16, 밝은베이지색 실을 연결하여 겉 4, 겉 16
9단	안 15, 안 6, 안 15
10단	겉 14, 겉 8, 겉 14. 9~10번째 코 사이, 27~28번째 코 사이에 마커 또는 별색 실로 표시.
11단	안 13, 안 10, 안 13
12단	겉 13, 겉 10, 겉 13
13~20단	11~12단을 4회 반복
21단	11단과 동일
22단	(겉 2, 2코 모아뜨기 1, 겉 2)×2, 겉 1, 겉 1, 2코 모아뜨기 1, 겉 4, 2코 모아뜨기 1, 겉 1, 겉 1, (겉 2, 2코 모아뜨기 1, 겉 2)×2 (총 30코)
23단	안 11, 안 8, 안 11
24단	겉 11, 겉 8, 겉 11
25~28단	23~24단을 2회 반복. 27단 8~9번째 코 사이, 22~23번째 코 사이에 마커 또는 별색 실로 표시.
29단	안 11, 안 8, 안 11
30단	(겉 1, 2코 모아뜨기 1, 겉 2)×2, 겉 1, 겉 1, 2코 모아뜨기 1, 겉 2, 2코 모아뜨기 1, 겉 1, 겉 1, (겉 1, 2코 모아뜨기 1, 겉 2)×2 (총 24코)
31단	안 9, 안 6, 안 9. 첫코와 끝코에 마커 또는 별색 실로 표시.
32단	겉 9, 겉 6, 겉 9
33~35단	안 9, 안 6, 안 9
36단	2코 모아뜨기 12 (총 12코)
〜〜〜	꼬리실을 15cm 이상 남기고 자른 다음 '돗바늘로 마무리'한다.

머리

a, b 겉면을 마주 대고 겉뜨기로 뜨면서 덮어씌워 잇기

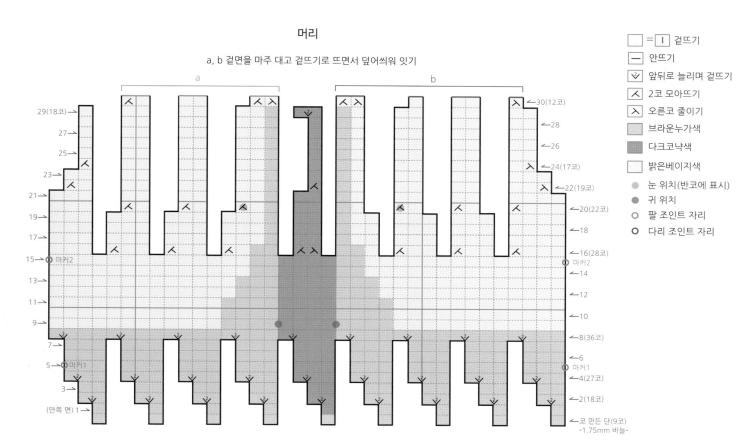

범례:
- □ = I 겉뜨기
- − 안뜨기
- ∨ 앞뒤로 늘리며 겉뜨기
- ⅄ 2코 모아뜨기
- ⅄ 오른코 줄이기
- 브라운누가색
- 다크코냑색
- 밝은베이지색
- ● 눈 위치(반코에 표시)
- ● 귀 위치
- ○ 팔 조인트 자리
- ◎ 다리 조인트 자리

몸통

돗바늘로 마무리

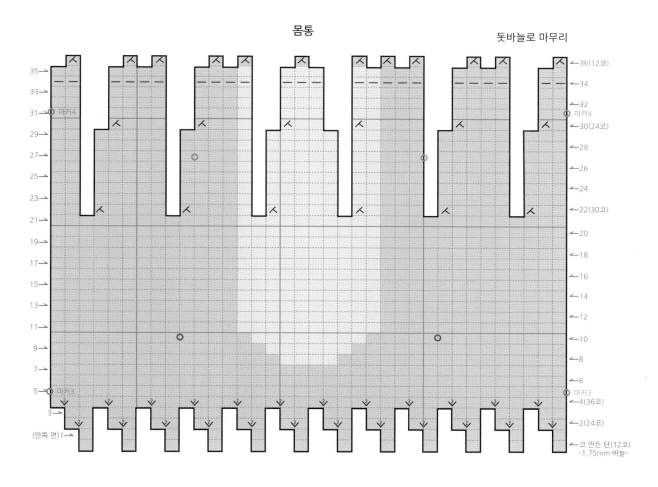

115

팔

1.75mm 막대바늘과 브라운누가색 실을 써서 '일반코잡기'로 8코를 만든다(팔 몸쪽부터).

1단	(앞뒤로 늘리며 겉뜨기 1, 겉 2, 앞뒤로 늘리며 겉뜨기 1)×2 (총 12코)
2단	안뜨기
3단	(앞뒤로 늘리며 겉뜨기 1, 겉 4, 앞뒤로 늘리며 겉뜨기 1)×2 (총 16코)
4~6단	안뜨기로 시작하는 메리야스뜨기 3단. 5단 첫코와 끝코에 마커 또는 별색 실로 표시.

팔꿈치 되돌아뜨기 단

7단 겉 12, ①실을 앞으로 보내고(1), 다음 코를 뜨지 않고 오른쪽 바늘로 옮긴다(2). 실을 뒤로 보내고(3), 오른쪽 바늘에 있던 코를 다시 왼쪽 바늘로 옮긴다(4). 뜨개판을 돌린다(5).

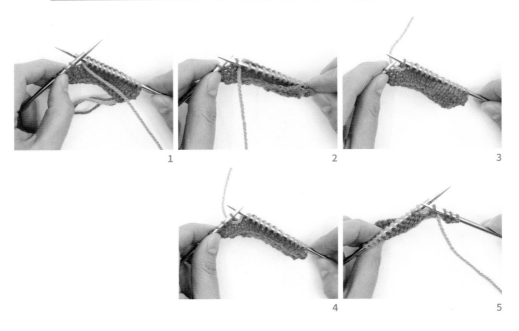

8단 안 8, ②실을 뒤로 보내고(1), 다음 코를 뜨지 않고 오른쪽 바늘로 옮긴다(2). 실을 앞으로 보내고(3), 오른쪽 바늘에 있던 코를 다시 왼쪽 바늘로 옮긴다(4). 뜨개판을 돌린다(5).

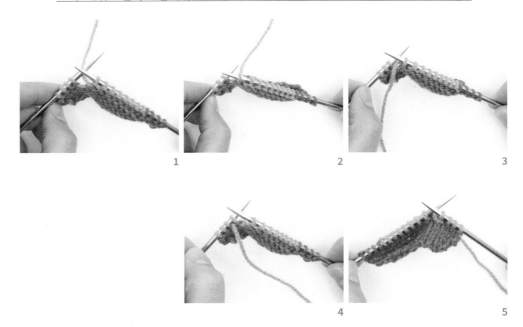

9단 겉 6, ①과 동일(7단 1~5 참조)
10단 안 4, ②와 동일(8단 1~5 참조)

11단 겉4, ③왼쪽 바늘 첫코(A) 밑에 걸려 있는 코를 끌어올리고(1), A에 겉뜨기 방향으로 바늘을 넣고(2) 실을 걸어 A와 끌어올린 코를 한꺼번에 겉뜨기 1(3), 겉 1, ③과 동일, 겉 3(4).

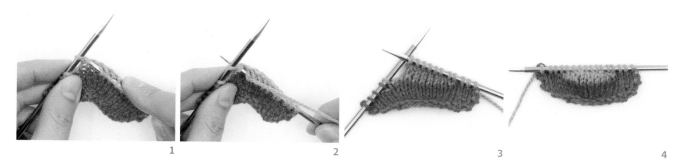

12단 안 10, ④왼쪽 바늘 첫 코(A) 밑에 걸려 있는 코를 끌어올려(1) 왼쪽 바늘에 건 다음(2), 끌어올린 코와 A를 한꺼번에 안뜨기 1(3), 안 1, ④와 동일, 안 3(4).

13단 (오른코 줄이기 1, 겉 4, 2코 모아뜨기 1)×2 (총 12코)
14~16단 안뜨기로 시작하는 메리야스뜨기 3단
17단 (오른코 줄이기 1, 겉 2, 2코 모아뜨기 1)×2 (총 8코)
18~20단 안뜨기로 시작하는 메리야스뜨기 3단. 19단 첫코와 끝코에 마커 또는 별색 실로 표시.

오른쪽 손목 되돌아뜨기 단

21단 겉 2, ①과 동일(7단 1~5 참조)
22단 안 2
23단 겉 2, ③과 동일(11단 1~4 참조), ①과 동일(7단 1~5 참조)
24단 안 3
25단 겉 3, ③과 동일(11단 1~4 참조), 겉 4

왼쪽 손목 되돌아뜨기 단

22단	안 2, ②와 동일(8단 1~5 참조)
23단	겉 2
24단	안 2, ④와 동일 (12단 1~4 참조), ②와 동일(8단 1~5 참조)
25단	겉 3
26단	안 3, ④와 동일(12단 1~4 참조), 안 4
27~28단	메리야스뜨기 2단

바늘 1에 4코, 바늘 2에 4코 나눠서 겉면을 마주 대고
겉뜨기로 뜨면서 '덮어씌워 잇기'를 한다. 같은 방법으로
팔 1개를 더 뜬다.

26단	27~28단	완성한 모습

팔×2

a, b 겉면을 마주 대고 겉뜨기로 뜨면서 덮어씌워 잇기

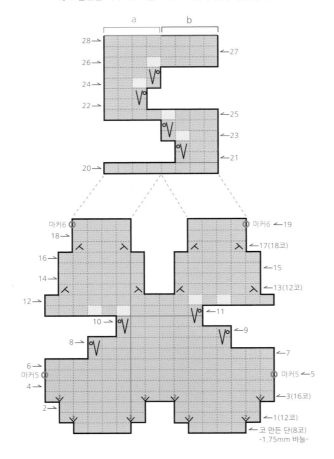

기호	설명
□ =	I	겉뜨기
Ⓥ	앞뒤로 늘리며 겉뜨기
⋏	2코 모아뜨기
⋌	오른코 줄이기
•	겉뜨기로 코막음
V°	①
°V	②
▨ =	I	③

※기호표에서 ①~③은 서술도안 116~117쪽 ①~③ 설명 참조

다리

1.75mm 막대바늘과 브라운누가색 실을 써서 '일반코잡기'로 8코를 만든다(발바닥부터).

1단	(앞뒤로 늘리며 겉뜨기 2, 겉 1)×2, 앞뒤로 늘리며 겉뜨기 2 (총 14코)
2단	안뜨기
3단	(앞뒤로 늘리며 겉뜨기 1, 겉 1)×2, 겉 1, (앞뒤로 늘리며 겉뜨기 1, 겉 1)×2, 겉 1, (앞뒤로 늘리며 겉뜨기 1, 겉 1)×2 (총 20코)
4~6단	안뜨기로 시작하는 메리야스뜨기 3단
7단	겉뜨기로 코 막음 5코, 겉 15 (총 15코)
8단	안뜨기로 코 막음 5코, 안 10 (총 10코)
9단	오른코 줄이기 1, 겉 6, 2코 모아뜨기 1 (총 8코)
10단	안뜨기
11단	(앞뒤로 늘리며 겉뜨기 1, 겉 2, 앞뒤로 늘리며 겉뜨기 1)×2. 첫코와 끝코에 마커 또는 별색 실로 표시. (총 12코)
12단	안뜨기
13단	(앞뒤로 늘리며 겉뜨기 1, 겉 4, 앞뒤로 늘리며 겉뜨기 1)×2 (총 16코)
14단	안뜨기
15단	(앞뒤로 늘리며 겉뜨기 1, 겉 6, 앞뒤로 늘리며 겉뜨기 1)×2 (총 20코)
16단	안뜨기
17단	(앞뒤로 늘리며 겉뜨기 1, 겉 8, 앞뒤로 늘리며 겉뜨기 1)×2 (총 24코)
18~20단	안뜨기로 시작하는 메리야스뜨기 3단. 20단 첫코와 끝코에 마커 또는 별색 실로 표시.
21단	(겉 2, 2코 모아뜨기 1, 겉 2)×4 (총 20코)
22단	안뜨기
23단	겉 1, (오른코 줄이기 1, 2코 모아뜨기 1, 겉 1, 오른코 줄이기 1, 2코 모아뜨기 1)×2, 겉 1 (총 12코)
24단	안뜨기

바늘 1에 6코, 바늘 2에 6코 나눠서 겉면을 마주 대고 겉뜨기로 뜨면서 '덮어씌워 잇기'를 한다.
같은 방법으로 다리 1개를 더 뜬다.

다리×2

a, b 겉면을 마주 대고 겉뜨기로 뜨면서 덮어씌워 잇기

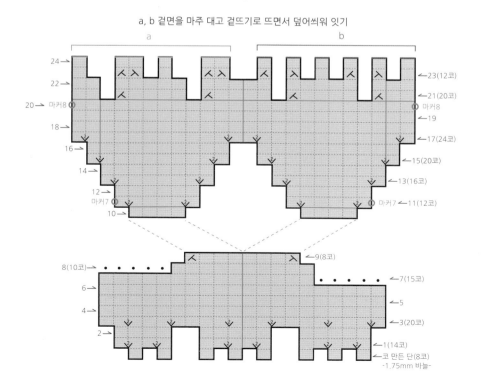

귀

1.75mm 막대바늘과 브라운누가색 실(바탕색 표시 X)을 써서 '일반 코잡기'로 18코를 만든다(귀 몸쪽부터).

1단	겉 6, 다크코냑색 실을 연결하여 겉 6, 겉 6
2단	안 6, 안 6, 안 6
3단	겉 6, 겉 6, 겉 6
4단	2단과 동일
5단	겉 3, 2코 모아뜨기 1, 겉 1, 오른코 줄이기 1, 겉 2, 2코 모아뜨기 1, 겉 1, 오른코 줄이기 1, 겉 3 (총 14코)
6단	안 5, 안 4, 안 5
7단	겉 2, 2코 모아뜨기 1, 겉 1, 오른코 줄이기 1, 2코 모아뜨기 1, 겉 1, 오른코 줄이기 1, 겉 2 (총 10코)

'안뜨기로 코막음'한다. 같은 방법으로 귀 1개를 더 뜬다.

귀×2

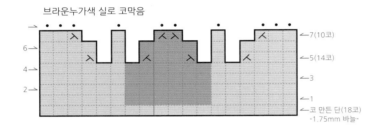

브라운누가색 실로 코막음

7(10코)
5(14코)
3
1
코 만든 단(18코)
-1.75mm 바늘-

= I 겉뜨기
앞뒤로 늘리며 겉뜨기
2코 모아뜨기
오른코 줄이기
겉뜨기로 코막음
브라운누가색
다크코냑색

가로무늬 배색(페어아일)뜨기

꼬리는 볼록한 모양과 줄무늬의 표현을 위해 가로무늬 배색(페어아일)뜨기를 한다. 바탕실(a)을 아래쪽으로, 배색실(b)을 위쪽으로 놓고 뜬다. 사진과 설명 1~8번은 꼬리 1~2단 가로무늬 배색뜨기 설명이다. 알아보기 쉽도록 브라운누가색 실을 하늘색 실(바탕실 a), 다크코냑색 실을 베이지색 실(배색실 b)로 대체했다.

(1단 안뜨기 단) a실로 안뜨기 4코, b실을 연결하여 a실을 아래로 놓고 b실로 안뜨기 2코를 한다.

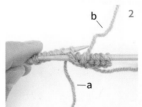

b실을 위로, a실을 아래로 놓고 a실로 안뜨기 2코를 한다.

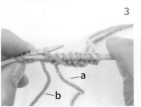

a실을 아래로, b실을 위로 놓고 b실로 안뜨기 2코를 한다.

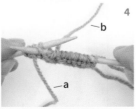

b실을 위로, a실을 아래로 놓고 a실로 안뜨기 4코를 한다.

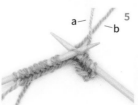

(2단 겉뜨기 단) a실로 겉뜨기 4코를 하고, b실이 아래, a실이 위에 있는 상태에서 b실로 겉뜨기 2코를 한다.

a실을 아래로, b실을 위로 놓고 a실로 겉뜨기 2코를 한다.

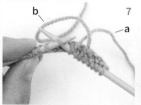

a실을 아래로, b실을 위로 놓고 b실로 겉뜨기 2코를 한다.

a실을 아래로, b실을 위로 놓고 a실로 겉뜨기 4코를 한다.

꼬리 9단까지 뜨고 겉에서 본 모습.

꼬리 9단까지 뜨고 안쪽에서 본 모습.

꼬리

〜〜〜	1.75mm 막대바늘과 브라운누가색 실(바탕색 표시 X)을 써서 '일반 코잡기'로 14코를 만든다(꼬리 몸쪽부터).
1단	(안쪽 면) 안 4, 다크코냑색 실을 연결하여 안 2, 안 2, 안 2, 안 4
2단	겉 4, 겉 2, 겉 2, 겉 2, 겉 4
3단	안 4, 안 2, 안 2, 안 2, 안 4
4단	앞뒤로 늘리며 겉뜨기 1, 겉 3, 겉 2, 겉 2, 겉 2, 겉 3, 앞뒤로 늘리며 겉뜨기 1 (총 16코)
5단	안 5, 안 2, 안 2, 안 2, 안 5
6단	겉 5, 겉 2, 겉 2, 겉 2, 겉 5
7단	5단과 동일
8단	앞뒤로 늘리며 겉뜨기 1, 겉 4, 앞뒤로 늘리며 겉뜨기 1, 겉 1 앞뒤로 늘리며 겉뜨기 1, 겉 1, 앞뒤로 늘리며 겉뜨기 1, 겉 1, 겉 4, 앞뒤로 늘리며 겉뜨기 1 (총 21코)
9단	안 6, 안 3, 안 3, 안 3, 안 6
10단	앞뒤로 늘리며 겉뜨기 1, 겉 5, 앞뒤로 늘리며 겉뜨기 1, 겉 2, 앞뒤로 늘리며 겉뜨기 1, 겉 2, 앞뒤로 늘리며 겉뜨기 1, 겉 2, 겉 5, 앞뒤로 늘리며 겉뜨기 1 (총 26코)
11단	안 7, 안 4, 안 4, 안 4, 안 7
12단	겉 7, 겉 4, 겉 4, 겉 4, 겉 7
13단	11단과 동일
14단	앞뒤로 늘리며 겉뜨기 1, 겉 6, 앞뒤로 늘리며 겉뜨기 1, 겉 3, 앞뒤로 늘리며 겉뜨기 1, 겉 3, 앞뒤로 늘리며 겉뜨기 1, 겉 3, 겉 6, 앞뒤로 늘리며 겉뜨기 1 (총 31코)
15단	안 8, 안 5, 안 5, 안 5, 안 8
16단	겉 8, 겉 5, 겉 5, 겉 5, 겉 8
17단	15단과 동일
18단	앞뒤로 늘리며 겉뜨기 1, 겉 6, 앞뒤로 늘리며 겉뜨기 1, 앞뒤로 늘리며 겉뜨기 1, 겉 4, 앞뒤로 늘리며 겉뜨기 1, 겉 4, 앞뒤로 늘리며 겉뜨기 1, 겉 4, 앞뒤로 늘리며 겉뜨기 1, 겉 6, 앞뒤로 늘리며 겉뜨기 1 (총 38코)
19단	안 10, 안 6, 안 6, 안 6, 안 10
20단	겉 10, 겉 6, 겉 6, 겉 6, 겉 10
21단	19단과 동일
22단	**2.0mm 막대바늘로 바꿔서** 겉 10, 겉 6, 겉 6, 겉 6, 겉 10
23단	안 10, 안 6, 안 6, 안 6, 안 10
24~37단	22~23단 7회 반복
38단	(겉 1, 2코 모아뜨기 1, 겉 2)×2, 겉 2, 2코 모아뜨기 1, 겉 2, 겉 2, 2코 모아뜨기 1, 겉 2, 겉 2, 2코 모아뜨기 1, 겉 2, (겉 2, 2코 모아뜨기 1, 겉 1)×2 (총 31코)
39단	안 8, 안 5, 안 5, 안 5, 안 8
40단	겉 8, 겉 5, 겉 5, 겉 5, 겉 8

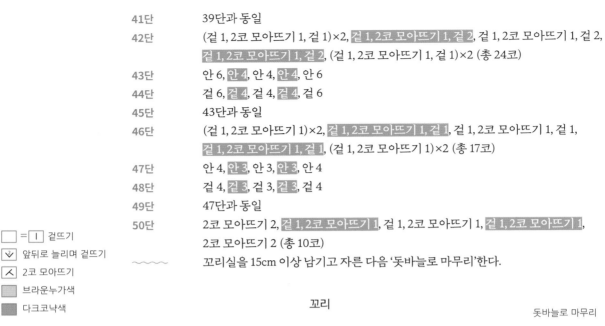

41단	39단과 동일
42단	(겉 1, 2코 모아뜨기 1, 겉 1)×2, 겉 1, 2코 모아뜨기 1, 겉 2, 겉 1, 2코 모아뜨기 1, 겉 2, 겉 1, 2코 모아뜨기 1, 겉 2, (겉 1, 2코 모아뜨기 1, 겉 1)×2 (총 24코)
43단	안 6, 안 4, 안 4, 안 4, 안 6
44단	겉 6, 겉 4, 겉 4, 겉 4, 겉 6
45단	43단과 동일
46단	(겉 1, 2코 모아뜨기 1)×2, 겉 1, 2코 모아뜨기 1, 겉 1, 겉 1, 2코 모아뜨기 1, 겉 1, 겉 1, 2코 모아뜨기 1, 겉 1, (겉 1, 2코 모아뜨기 1)×2 (총 17코)
47단	안 4, 안 3, 안 3, 안 3, 안 4
48단	겉 4, 겉 3, 겉 3, 겉 3, 겉 4
49단	47단과 동일
50단	2코 모아뜨기 2, 겉 1, 2코 모아뜨기 1, 겉 1, 2코 모아뜨기 1, 겉 1, 2코 모아뜨기 1, 2코 모아뜨기 2 (총 10코)

꼬리실을 15cm 이상 남기고 자른 다음 '돗바늘로 마무리'한다.

□ = I 겉뜨기

☑ 앞뒤로 늘리며 겉뜨기

人 2코 모아뜨기

▨ 브라운누가색

▨ 다크코낙색

꼬리

돗바늘로 마무리

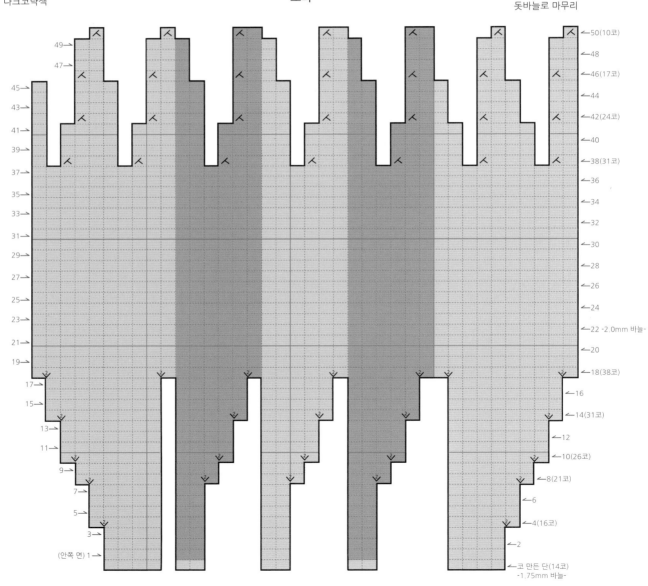

다람쥐 조립하기

- 전체 조립과정은 인형 만들기의 기초(192~199쪽)를 따라 진행하되, 다람쥐의 특성에 맞게 달리 작업해야 할 부분에 유의한다.
- 과정 사진에서는 알아보기 쉽도록 굵은 실을 사용했다.
- 스티치 그림에서 홀수 번호는 바늘이 나오는 곳, 짝수 번호는 바늘이 들어가는 곳이다.

◆ 부위별 마무리 ~ 솜 넣기

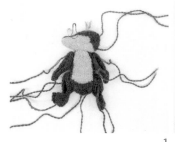  

| 1 | 2 | 3 |

1   인형 만들기의 기초 '1. 부위별 마무리'와 '2. 조인트 넣기'를 한다.
2   다음으로 '3. 솜 넣기', '4. 눈 달기'까지 진행하고, 코, 인중, 입, 눈썹 위치를 수성펜으로 표시한다.
3   '사슴 조립하기 > 벌어진 부분 조이기'(78쪽)와 '메리야스 잇기'(209쪽)를 참조해 마감실을 써서
   다람쥐 머리 배색 부분의 벌어진 틈을 없앤다.

◆ 코, 인중, 입, 눈썹 스티치

| 1 | 2 | 3 |

1   코: '곰돌이 조립하기 > 코, 인중, 입 스티치'(22~23쪽) 2~3번을 참조해 초콜릿색 실로 수를 놓는다.
2   인중과 입, 눈썹: 진갈색 자수실 두 가닥을 긴 돗바늘에 꿰어 매듭을 지은 후 머리 창구멍을 통해 ①로 보낸 다음
   ⑩까지 '스트레이트 스티치'를 하고 돗바늘을 창구멍으로 통과시켜 매듭을 짓고 실을 자른다.
   눈썹 ⑪~⑭는 진갈색 자수실 한 가닥으로 '스트레이트 스티치'를 한다.
3   스티치를 마친 모습.

◆ 귀 달기

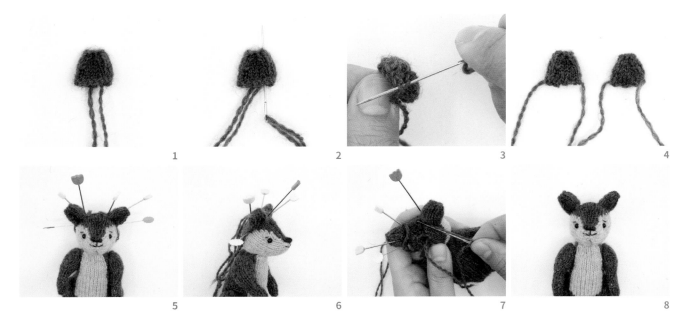

1 귀는 '토끼 조립하기 > 귀 달기'(59쪽) **1~2**번과 같이 진행해 배색 과정에 남은 실을 정리하고 솔기를 연결한다.

2 솔기를 뒤쪽 중앙으로 두고, 브라운누가색 새 실을 돗바늘에 꿰어 매듭짓고 귀 안쪽으로 넣어 코막음한
   단 오른쪽 끝으로 보낸다.

3 (코막음한 단의 솔기 2코를 뺀) 8코를 4코씩 마주 대고, 양쪽 코를 한꺼번에 감침질해 귀 윗부분을 막은 다음
   남은 실은 귀 안쪽으로 넣어 정리한다.

4 아래쪽 꼬리실에 돗바늘을 꿰어 한 가닥은 왼쪽 방향으로, 다른 한 가닥은 오른쪽 방향으로 각각 감침질한다.

5 차트도안을 참고하여 머리에 귀를 시침핀으로 고정하고, 귀와 머리가 닿은 선을 따라 수성펜으로 바느질 선을 그린다.

6 귀에 시침핀을 꽂고 옆에서 본 모습.

7 귀의 가장 아랫단 코와 표시해둔 바느질 선을 '메리야스 잇기'로 연결한다(인형을 돌려가며 작업하면 수월하다).
   실이 보이지 않도록 바짝 당기면서 바느질한다.

8 같은 방법으로 반대쪽 귀도 달고, 남은 실은 머리 창구멍으로 통과시켜 매듭을 짓고 자른다.

◆ 꼬리 달기

9　　　　　　　　10　　　　　　　　11

1　꼬리 양 끝의 꼬리실 외에 배색 과정에 남은 실들은 돗바늘에 꿰어 안쪽으로 정리하고(192쪽 '1. 부위별 마무리> 머리'
　　1번 사진 참조), 꼬리 끝 돗바늘로 마무리한 부분의 꼬리실을 돗바늘에 꿰어 '메리야스 잇기'로 솔기를 연결한다.

2　꼬리를 시침핀으로 몸통에 고정하고, 몸통과 꼬리에 넣을 1.5mm 공예용 철사(와이어)로 구부릴 부분(약 2cm),
　　목 아래 0.5cm 밑에서 꼬리 붙는 지점까지(약 3.5cm), 꼬리 붙는 지점에서 꼬리 끝까지(약 10cm) 길이를 잰다.
　　길이는 완성작의 크기에 맞춰 조절한다.

3　와이어는 잰 길이의 2배(31cm)를 준비해서 반으로 접고 나머지는 니퍼로 잘라낸다.

4　몸통에 들어갈 부분은 겸자를 사용해서 적당히 꼬고, 넣을 때 솜에 걸리지 않도록 끝부분을 접는다
　　(99쪽 '여우 조립하기> 꼬리달기' 참조).

5　몸통의 꼬리가 달리는 위치에 와이어가 들어갈 수 있도록 송곳으로 찔러 구멍을 낸다.

6　구멍을 통해 몸통 부분 와이어를 밀어넣고(중심 위 방향) 꼬리 부분 와이어는 꼬리에 넣는다.

7　몸통에 시침핀으로 다시 꼬리를 고정한다.

8　솜 넣을 창구멍(1cm)을 남겨 놓고 코만든 단의 꼬리실을 돗바늘에 꿰어 몸통과 꼬리를 '코와 코잇기'로 연결한다.

9　꼬리 모양대로 와이어를 양옆으로 편다.

10　겸자를 사용해서 꼬리 안쪽으로 솜을 넣는다.

11　꼬리실에 돗바늘을 꿰어 꼬리와 몸통을 '코와 코 잇기'로 연결하여 창구멍을 닫고 매듭짓는다.
　　남은 실은 몸통 깊이 통과시키고 잘라 정리한다.

◆ 머리 창구멍 닫기 ~ 얼굴 생동감 표현

기모 방향

1

2

1　인형 만들기의 기초 '5. 머리 창구멍 닫기'와 '6. 수성펜
　　지우기'를 진행하고 '7. 기모내기' 방법으로 머리와 귀, 팔,
　　몸통, 다리, 꼬리에 기모를 낸다.

2　'8. 얼굴 생동감 표현'(199쪽)을 참조하여 K16번 패브릭잉크를
　　눈 테두리와 눈썹 라인에, 133번 패브릭잉크를 양 볼에
　　살살 바른다.

◆ 이빨 만들기

1

2

1　흰색 양모를 짧게 잡는다.

2　손끝에 힘을 주어 양모를 조금 뽑아낸다.

('이빨 만들기' 3~4번 뒷장으로 이어짐)

3 뽑아낸 양모를 작게 돌돌 만 다음 스펀지 위에 놓고, 양모를
돌려가며 펠트용 바늘(1구 바늘)을 수직으로 찔러
원하는 크기와 모양을 만든다(바늘로 찌르는 부위가 단단해지고
부피가 줄면서 모양이 잡힌다).

4 완성한 이빨을 입 아래쪽에 놓고 펠트용 1구 바늘로 살살 찔러
고정한다. 펠트용 바늘 사용이 익숙지 않다면 이빨을 시침핀으로
고정해 놓고 작업한다.

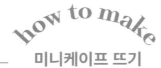

미니케이프 뜨기

〰️	1.5mm 막대바늘과 하늘색 실(바탕색 표시 X)을 써서 '일반코잡기'로 36코를 만든다.
1~3단	겉뜨기에서 걸러뜨기 1, 겉 35
4단	안뜨기에서 걸러뜨기 1, 안 1, 흰색 실을 연결하여 안 32, 안 2
5단	겉뜨기에서 걸러뜨기 1, 겉 1, 겉 32, 겉 2
6단	안뜨기에서 걸러뜨기 1, 안 1, 안 2, 안 28, 안 2, 안 2
7단	겉뜨기에서 걸러뜨기 1, 겉 1, 겉 2, 겉 28, 겉 2, 겉 2
8단	안뜨기에서 걸러뜨기 1, 안 1, 안 2, 안 28, 안 2, 안 2
9~12단	7~8단 2회 반복
13단	겉뜨기에서 걸러뜨기 1, 겉 1, 겉 2, 겉 11, 겉뜨기로 코막음 6코, 겉 11, 겉 2, 겉 2 (총 30코)
14단	안뜨기에서 걸러뜨기 1, 안 1, 안 2, 안 11, 나머지 15 코는 다른 바늘에 걸어 쉼코로 두고 15코만으로 뜬다. 15단부터 21단까지 코막음할 때 왼쪽 바늘의 첫코(a)는 뜨지 않고 오른쪽 바늘로 옮기고, 다음 코(b)를 겉뜨기한 다음 a코로 b코를 덮어씌운다. 이렇게 떠야 뜨개 가장자리가 매끈해진다.
15단	겉뜨기로 코막음 3, 겉 8, 겉 2, 겉 2 (총 12코)
16단	안뜨기에서 걸러뜨기 1, 안 1, 안 2, 안 8
17단	겉뜨기로 코막음 2, 겉 6, 겉 2, 겉 2 (총 10코)
18단	안뜨기에서 걸러뜨기 1, 안 1, 안 2, 안 6
19단	겉뜨기로 코막음 2, 겉 4, 겉 2, 겉 2 (총 8코)
20단	안뜨기에서 걸러뜨기 1, 안 1, 안 2, 안 4
21단	겉뜨기로 코막음 2, 겉 2, 겉 2, 겉 2 (총 6코)
22단	안뜨기에서 걸러뜨기 1, 안 1, 안 2, 안 2
23단	오른코 줄이기 1, 겉 2, 2코 모아뜨기 1 (총 4코)
24단	안뜨기에서 걸러뜨기 1, 안 2, 안 1
25단	오른코 줄이기 1, 2코 모아뜨기 1 (총 2코)
26~55단	2코 아이코드뜨기 30단(7cm) 꼬리실을 10cm 이상 남기고 자른 다음 '돗바늘로 마무리'한다. 매듭을 굵게 지은 후 남은 실은 0.5cm 남기고 자른다. 쉼코로 둔 15코의 첫코에 새 실(하늘색)을 걸어서 뜨기 시작한다. 14단부터 20단까지 코막음할 때 왼쪽 바늘의 첫코(a)는 뜨지 않고 오른쪽 바늘로 옮기고, 다음 코(b)를 안뜨기한 다음 a코로 b코를 덮어씌운다.
14단	안뜨기로 코막음 3, 안 8, 안 2, 안 2 (총 12코)

15단	겉뜨기에서 걸러뜨기 1, 겉 1, **겉 2**, 겉 8
16단	안뜨기로 코막음 2, 안 6, **안 2**, 안 2 (총 10코)
17단	겉뜨기에서 걸러뜨기 1, 겉 1, **겉 2**, 겉 6
18단	안뜨기로 코막음 2, 안 4, **안 2**, 안 2 (총 8코)
19단	겉뜨기에서 걸러뜨기 1, 겉 1, **겉 2**, 겉 4
20단	안뜨기로 코막음 2, 안 2, **안 2**, 안 2 (총 6코)
21단	겉뜨기에서 걸러뜨기 1, 겉 1, **겉 2**, 겉 2
22단	안뜨기에서 걸러뜨기 1, 안 1, **안 2**, 안 2
23~55단	위의 23~55단과 동일하게 뜨고 같은 방법으로 마무리한다.

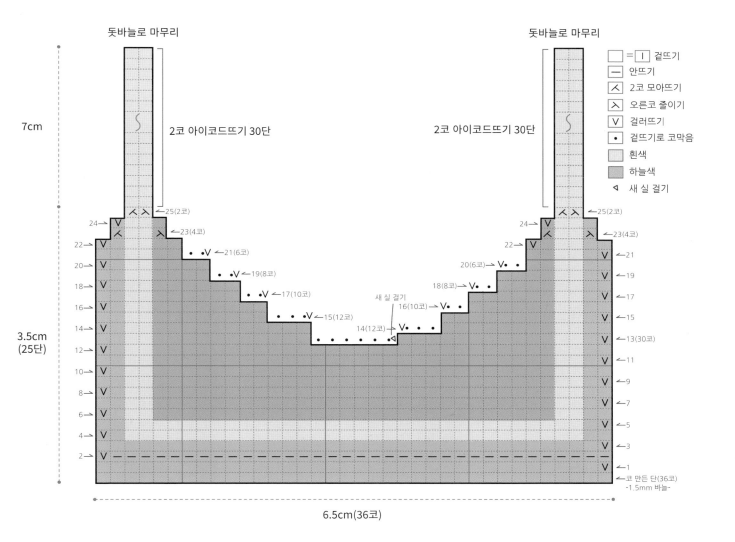

마무리

1 스팀다리미로 저온에서 다림질한다.

2 배색 과정에 남은 실은 돗바늘에 꿰어 안쪽에서 올 사이로 숨기고 잘라 정리한다.

〜〜〜 | 1.5mm 막대바늘과 그러데이션아몬드색 실(바탕색 표시 X)을 써서 '원형코잡기'로 4코를 만든다.

1단 앞뒤로 늘리며 겉뜨기 4 (총 8코)

2단 겉뜨기

3단 (겉 1, 앞뒤로 늘리며 겉뜨기 1)×4 (총 12코)

4~8단 겉뜨기 5단

9단 갈색 실을 연결하여 겉뜨기

10단 안뜨기

11단 (안 1, 안뜨기로 2코 모아뜨기 1)×4 (총 8코)

12단 안뜨기

13단 안뜨기로 2코 모아뜨기 4 (총 4코)

14단 안뜨기

15단 안뜨기로 2코 모아뜨기 2 (총 2코)

〜〜〜 | 꼬리실을 15cm 이상 남기고 '돗바늘로 마무리'한다.

〜〜〜 | 1.5mm 막대바늘과 그러데이션아몬드색 실을 써서 '일반코잡기'로 2코를 만든다.
꼬리실은 15cm 이상 남긴다.

1~40단 2코 아이코드뜨기 40단(8cm)

〜〜〜 | 꼬리실을 15cm 이상 남기고 '돗바늘로 마무리'한다.

끈

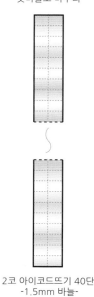

돗바늘로 마무리

2코 아이코드뜨기 40단
-1.5mm 바늘-

가방

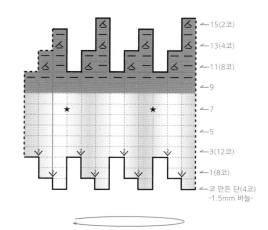

돗바늘로 마무리

←15(2코)
←13(4코)
←11(8코)
←9
←7
←5
←3(12코)
←1(8코)
←코 만든 단(4코)
-1.5mm 바늘-

원형뜨기

	기호
☐ =☐	겉뜨기
☐	안뜨기
☑	앞뒤로 늘리며 겉뜨기
☑	안뜨기로 2코 모아뜨기
★	끈 연결 위치
▥	그러데이션아몬드색
▨	갈색

마무리

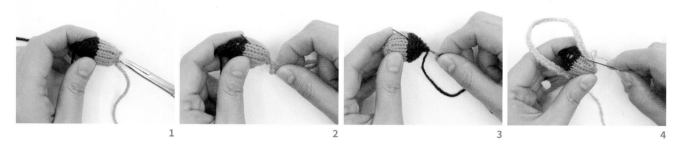

1 도토리가방과 가방끈은 스팀다리미로 저온에서 다림질하고, 겸자를 사용하여
  가방 아래쪽 창구멍을 통해 솜을 넣는다.
2 '감침질하고 돗바늘로 마무리'하여 창구멍을 닫고, 바늘을 가방 안쪽으로 통과시켜
  실을 살짝 당긴 다음 매듭짓고 잘라 정리한다.
3 가방 윗부분 '돗바늘로 마무리'하고 남은 꼬리실은 바늘을 가방 안쪽으로 통과시켜
  실을 살짝 당긴 다음 매듭짓고 잘라 정리한다.
4 차트도안을 참고하여 가방에 끈 위치를 수성펜으로 표시하고, 끈 양쪽 꼬리실을 돗바늘에 꿰어
  도토리가방 옆에 꿰매 붙이고 남은 실은 바늘을 가방 안쪽으로 통과시켜 실을 살짝 당긴 다음
  매듭짓고 잘라 정리한다.

finishing

전체 마무리

다람쥐 목에 미니케이프를 두르고 도토리 가방을 매준다.

길고 풍성한 꼬리에는 와이어가 들어 있어 꼬리끼리 마주 대면
오른쪽 사진처럼 '꼬리 하트' 날리기도 가능하다.

Penguin Knitting Pattern

펭귄

눈 쓸러 나온 눈사람 친구를 썰매 태워주는 펭귄이에요. 눈을 치우러 가는 건지 썰매놀이가 목적인지 알 수 없지만요.
작은 이글루에서 뭔가를 찾고 있는 펭귄의 뒷모습도 너무 귀여워요. 사랑스러운 펭귄이
멸종되지 않도록 환경을 지켜야겠어요.

INFORMATION

크기		게이지	
펭귄	9cm	펭귄	메리야스뜨기 50코×60단
목도리	22cm		
귀마개	33cm(끈 포함)		

펭귄 준비물

실	산네스 간(Sandnes Garn) 틴 실크 모헤어(Tynn Silk Mohair) #6081 딥블루색(2겹 사용), 리치모어(Rich More) 엑설런트 모헤어 카운트 10(Excellent Mohair Count 10) #01 흰색(2겹 사용), 랑(Lang) 모헤어 럭스(Mohair Luxe) #175 벽돌색(2겹 사용) 　　　입, 눈썹 – 자수실 진갈색
바늘	막대바늘 1.75mm 4개
하드보드 조인트	18mm 1세트(목), 15mm 2세트(날개)
기타	단추눈 4mm 2개, 돗바늘, 모헤어 솜, 송곳, 마커, 수성펜, 면봉, 패브릭 잉크 2색(츠키네코 벌사크래프트 #K13, #133), 시침핀, 겸자, 마감실, 기모브러시

- 처음 코를 만들 때나 코막음을 할 때 실을 여유 있게 남긴다. 이 실은 돗바늘에 꿰어 마감하거나 각 부위를 연결할 때 필요하다.
- 뜨는 과정에 나오는 '겉', '안'은 '겉뜨기'와 '안뜨기'의 줄임말이다.
- 머리와 몸통은 세로무늬 배색(인타르시아)뜨기로 진행하는데, 연결 코가 느슨하면 구멍이 생길 수 있으므로 주의해서 뜬다.

실	애플톤(Appleton) 자수실 #427 초록색, #448 빨간색, #991B 흰색을 합사해서 사용
바늘	막대바늘 2.0mm 2개
기타	돗바늘, 가위

귀마개 준비물

실	샤헨마이어(Schachenmayr) 텍스투라 소프트(Textura Soft) #002번 흰색, 애플톤 자수실 #448 빨간색
바늘	막대바늘 2.0mm 4개
기타	돗바늘, 가위, 리본(2.0mm), 공예용 철사(1.0mm), 니퍼, 목공풀

how to make

펭귄 뜨기

머리

〰️	1.75mm 막대바늘과 딥블루색 실(바탕색 표시 X)을 써서 '일반코잡기'로 9코를 만든다(뒷머리부터).
1단	(안쪽 면) 안뜨기
2단	앞뒤로 늘리며 겉뜨기 9 (총 18코)
3단	안뜨기
4단	(겉 1, 앞뒤로 늘리며 겉뜨기 1)×9 (총 27코)
5~7단	안뜨기로 시작하는 메리야스뜨기 3단. 5단의 첫코와 끝코에 마커 또는 별색 실로 표시.
8단	(겉 2, 앞뒤로 늘리며 겉뜨기 1)×9 (총 36코)
9~15단	안뜨기로 시작하는 메리야스뜨기 7단. 15단 첫코와 끝코에 마커 또는 별색 실로 표시.
16단	겉 9, 흰색 실을 연결하여 겉 5, 겉 8, 겉 5, 겉 9
17단	안 8, 안 7, 안 6, 안 7, 안 8
18단	겉 2, 2코 모아뜨기 1, 겉 3, 겉 2, 2코 모아뜨기 1, 겉 4, 겉 1, 2코 모아뜨기 1, 오른코 줄이기 1, 겉 1, 겉 4, 2코 모아뜨기 1, 겉 2, 겉 3, 2코 모아뜨기 1, 겉 2 (총 30코)
19단	안 5, 안 8, 안 4, 안 8, 안 5
20단	겉 4, 겉 9, 겉 4, 겉 9, 겉 4
21단	안 3, 안 10, 안 4, 안 10, 안 3
22단	겉 2, 2코 모아뜨기 1, 겉 3, 2코 모아뜨기 1, 겉 4, 2코 모아뜨기 1, 오른코 줄이기 1, 겉 4, 2코 모아뜨기 1, 겉 3, 2코 모아뜨기 1, 겉 2 (총 24코)
23단	안 11, 안 2, 안 11. 8~9번째 코 사이, 16~17번째 코 사이에 마커 또는 별색 실로 표시.
24단	겉 11, 겉 2, 겉 11

25단	안 11, 안 2, 안 11
26단	(겉 1, 2코 모아뜨기 1)×2, 겉 4, 벽돌색 실을 연결하여 2코 모아뜨기 1, 오른코 줄이기 1, 겉 4, (2코 모아뜨기 1, 겉 1)×2 (총 18코)
27단	안 4, 안 10, 안 4
28단	오른코 줄이기 1, 2코 모아뜨기 1, 겉 3, 2코 모아뜨기 1, 오른코 줄이기 1, 겉 3, 2코 모아뜨기 2 (총 12코)
29단	안뜨기
30단	(오른코 줄이기 1, 겉 2, 2코 모아뜨기 1)×2 (총 8코)
〰	바늘 1에 4코, 바늘 2에 4코 나눠서 겉면을 마주 대고 겉뜨기로 뜨면서 '덮어씌워 잇기'를 한다.

몸통

〰	1.75mm 막대바늘과 딥블루색 실(바탕색 표시 X)을 '일반코잡기'로 14코를 만든다(몸통 아래쪽부터).
1단	(안쪽 면) 안뜨기
2단	앞뒤로 늘리며 겉뜨기 14 (총 28코)
3단	안뜨기
4단	(겉 1, 앞뒤로 늘리며 겉뜨기 1)×14 (총 42코)
5~8단	안뜨기로 시작하는 메리야스뜨기 4단. 5단의 첫코와 끝코에 마커 또는 별색 실로 표시.
9단	안 19, 흰색 실을 연결하여 안 4, 안 19
10단	겉 18, 겉 6, 겉 18
11단	안 17, 안 8, 안 17
12단	겉 16, 겉 10, 겉 16
13단	안 16, 안 10, 안 16
14~17단	12~13단 2회 반복
18단	(겉 3, 2코 모아뜨기 1)×3, 겉 1, 겉 10, 겉 1, (2코 모아뜨기 1, 겉 3)×3 (총 36코)
19단	안 13, 안 10, 안 13
20단	겉 13, 겉 10, 겉 13
21~22단	19~20단과 동일
23단	19단과 동일
24단	(겉 3, 2코 모아뜨기 1)×2, 겉 3, 오른코 줄이기 1, 겉 6 , 2코 모아뜨기 1, (겉 3, 2코 모아뜨기 1)×2, 겉 3 (총 30코)
25단	안 11, 안 8, 안 11
26단	겉 11, 겉 8, 겉 11
27~28단	25~26단과 동일. 27단 8~9번째 코 사이, 22~23번째 코 사이에 마커 또는 별색 실로 표시.
29단	안 11, 안 8, 안 11
30단	겉 1, (겉 2, 2코 모아뜨기 1)×2, 겉 2, 오른코 줄이기 1, 겉 4 , 2코 모아뜨기 1, (겉 2, 2코 모아뜨기 1)×2, 겉 3 (총 24코)
31단	안 9, 안 6, 안 9. 첫코와 끝코에 마커 또는 별색 실로 표시.
32단	겉 9, 겉 6, 겉 9
33~35단	안뜨기 3단
36단	2코 모아뜨기 12 (총 12코)
〰	꼬리실을 15cm 이상 남기고 자른 다음 '돗바늘로 마무리'한다.

머리

a, b 겉면을 마주 대고 겉뜨기로 뜨면서 덮어씌워 잇기

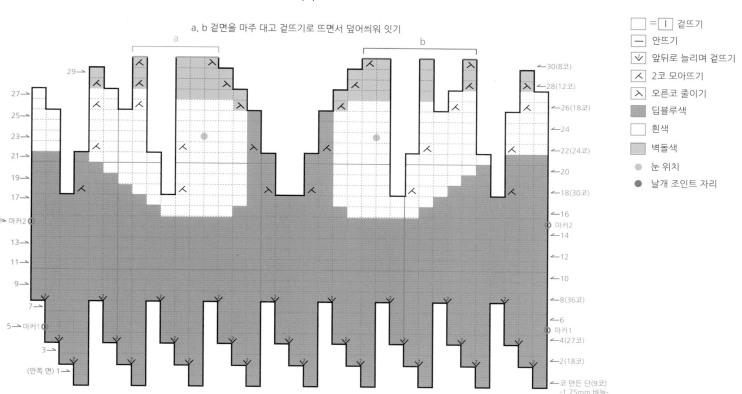

몸통

돗바늘로 마무리

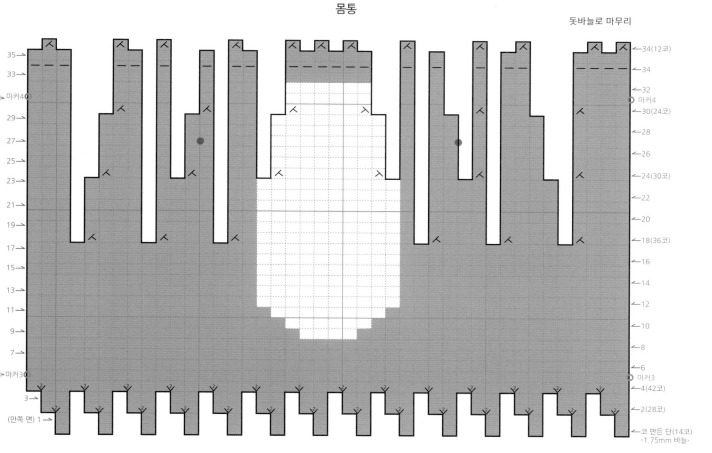

날개

~~~~~ 1.75mm 막대바늘과 딥블루색 실을 써서 '일반코잡기'로 8코를 만든다(날개 몸쪽부터).

1단	(앞뒤로 늘리며 겉뜨기 1, 겉 2, 앞뒤로 늘리며 겉뜨기 1)×2 (총 12코)
2단	(앞뒤로 늘리며 안뜨기 1, 안 4, 앞뒤로 늘리며 안뜨기 1)×2 (총 16코)
3단	(앞뒤로 늘리며 겉뜨기 1, 겉 6, 앞뒤로 늘리며 겉뜨기 1)×2 (총 20코)
4~8단	안뜨기로 시작하는 메리야스뜨기 5단. 5단 첫코와 끝코에 마커 또는 별색 실로 표시.
9단	(오른코 줄이기 1, 겉 6, 2코 모아뜨기 1)×2 (총 16코)
10~12단	안뜨기로 시작하는 메리야스뜨기 3단
13단	앞뒤로 늘리며 겉뜨기 1, 겉 5, 2코 모아뜨기 1, 오른코 줄이기 1, 겉 5, 앞뒤로 늘리며 겉뜨기 1 (총 16코)
14~16단	안뜨기로 시작하는 메리야스뜨기 3단
17단	앞뒤로 늘리며 겉뜨기 1, 겉 14, 앞뒤로 늘리며 겉뜨기 1 (총 18코)

왼쪽 되돌아뜨기 단

('되돌아뜨기' 방법은 116~117쪽 '다람쥐 뜨기 > 팔 > 팔꿈치 되돌아뜨기 단' 참조)

18단	안 8, ②실을 뒤로 보내고, 다음 코를 뜨지 않고 오른쪽 바늘로 옮긴다. 실을 앞으로 보내고, 오른쪽 바늘에 있던 코를 다시 왼쪽 바늘로 옮긴다. 뜨개판을 돌린다.
19단	겉 8
20단	안 4, ②와 동일. 첫코에 마커 또는 별색 실로 표시.
21단	겉 4
22단	안 4, ④왼쪽 바늘 첫코(A) 밑에 걸려 있는 코를 끌어올려 왼쪽 바늘에 건 다음, 끌어올린 코와 A를 한꺼번에 안뜨기 1, 안 3, ④와 동일, 안 9

오른쪽 되돌아뜨기 단

19단	겉 8, ①실을 앞으로 보내고, 다음 코를 뜨지 않고 오른쪽 바늘로 옮긴다. 실을 뒤로 보내고 오른쪽 바늘에 있던 코를 다시 왼쪽 바늘로 옮긴다. 뜨개판을 돌린다.
20단	안 8. 끝코에 마커 또는 별색 실로 표시.
21단	겉 4, ①과 동일
22단	안 4
23단	겉 4, ③왼쪽 바늘 첫코(A) 밑에 걸려 있는 코를 끌어올리고, A에 겉뜨기 방향으로 바늘을 넣고 실을 걸어 A와 끌어올린 코를 한꺼번에 겉뜨기 1, 겉 3, ③과 동일, 겉 9
24단	안뜨기

~~~~~ 바늘 1에 9코, 바늘 2에 9코 나눠서 겉면을 마주 대고 겉뜨기로 뜨면서 '덮어씌워 잇기'를 한다. 같은 방법으로 날개 1개를 더 뜬다.

발

~~~~~ 1.75mm 막대바늘과 벽돌색 실을 써서 '원형코잡기'로 8코를 만든다(발 몸쪽부터).

1단	겉뜨기
2단	(앞뒤로 늘리며 겉뜨기 1, 겉 2, 앞뒤로 늘리며 겉뜨기 1)×2 (총 12코)
3단	겉뜨기
4단	(앞뒤로 늘리며 겉뜨기 1, 겉 4, 앞뒤로 늘리며 겉뜨기 1)×2 (총 16코)
5단	겉뜨기
6단	(오른코 줄이기 1, 겉 4, 2코 모아뜨기 1)×2 (총 12코)
7단	(오른코 줄이기 1, 겉 2, 2코 모아뜨기 1)×2 (총 8코)

~~~~~ 꼬리실을 15cm 이상 남기고 자른 다음 '돗바늘로 마무리'한다. 같은 방법으로 발 1개를 더 뜬다.

꼬리

1.75mm 막대바늘과 딥블루색 실을 써서 '원형코잡기'로 16코를 만든다(꼬리 몸쪽부터).

1단	겉뜨기
2단	겉 2, 2코 모아뜨기 1, 오른코 줄이기 1, 겉 4, 2코 모아뜨기 1, 오른코 줄이기 1, 겉 2 (총 12코)
3단	겉뜨기
4단	겉 1, 2코 모아뜨기 1, 오른코 줄이기 1, 겉 2, 2코 모아뜨기 1, 오른코 줄이기 1, 겉 1 (총 8코)
5단	겉뜨기

꼬리실을 15cm 이상 남기고 자른 다음 '돗바늘로 마무리'한다.

날개×2

a, b 겉면을 마주 대고 겉뜨기로 뜨면서 덮어씌워 잇기

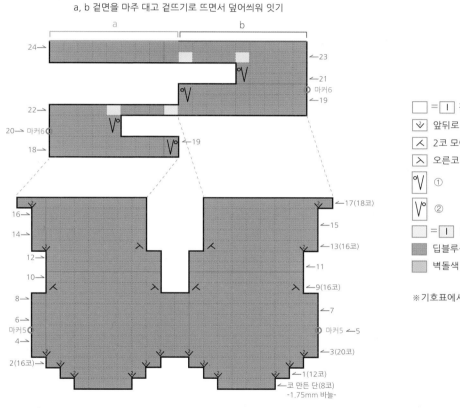

□ = Ⅰ	겉뜨기
ⱱ	앞뒤로 늘리며 겉뜨기
人	2코 모아뜨기
入	오른코 줄이기
ᵒV	①
Vᵒ	②
□ = Ⅰ	③
■	딥블루색
▨	벽돌색

※기호표에서 ①~③은 서술도안 136쪽 ①~③ 설명 참조

꼬리
돗바늘로 마무리

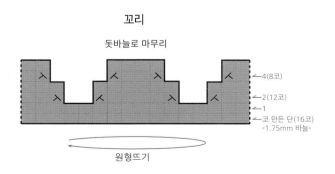

발×2
돗바늘로 마무리

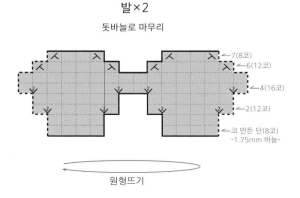

펭귄 조립하기

- 전체 조립과정은 인형 만들기의 기초(192~199쪽)를 따라 진행하되, 펭귄의 특성에 맞게 달리 작업해야 할 부분에 유의한다.
- 과정 사진에서는 알아보기 쉽도록 굵은 실을 사용했다.
- 스티치 그림에서 홀수 번호는 바늘이 나오는 곳, 짝수 번호는 바늘이 들어가는 곳이다.

◆ 부위별 마무리 ~ 솜 넣기

| 1 | 2 | 3 | 4 |

1　인형 만들기의 기초 '1. 부위별 마무리'와 '2. 조인트 넣기'를 한다.
2　다음으로 '3. 솜 넣기'를 한다. 사진과 같이 엉덩이 부분이 둥글게 튀어나오도록 유의하며 겸자로 솜을 채운다.
3　'사슴 조립하기 > 벌어진 부분 조이기'(78쪽)와 '메리야스 잇기'(209쪽)를 참조해 마감실을 써서
　　펭귄 머리 배색 부분의 벌어진 틈을 없앤다.
4　'4. 눈 달기'까지 진행하고, 입, 눈썹 위치를 수성펜으로 표시한다.

◆ 입, 눈썹 스티치

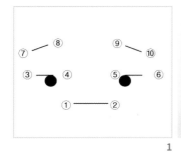 

| 1 | 2 |

1　검정색 자수실 한 가닥을 긴 돗바늘에 꿰어 매듭짓고 ①로 보내 번호 순서대로 ⑩까지 '스트레이트 스티치'를 한 다음,
　　돗바늘을 창구멍으로 통과시켜 매듭을 짓고 실을 자른다.
2　스티치를 마친 모습.

◆ 발 달기

1   2   3   4

1   코만든 부분은 꼬리실을 돗바늘에 꿰어 4코씩 맞대고 감침질한다.
2   발을 몸통 아래에 사진과 같이 시침핀으로 고정한다.
3   코만든 부분의 꼬리실에 돗바늘을 꿰어 1번 아래에서 위로 보내고 바로 옆으로 바늘을 넣어 작게 한 땀을 뜬다. 이런 식으로 순서대로 발의 네 귀퉁이를 한 땀씩 꿰매 고정하고 남은 실은 몸통 안쪽으로 통과시켜 매듭을 짓고 잘라 정리한다.
4   발을 단 모습.

◆ 꼬리 달기

1   2   3

1   코 만든 부분은 꼬리실을 돗바늘에 꿰어 8코씩 맞대고 감침질한다.
2   몸통 뒤 아래쪽 중심에 꼬리의 코 만든 부분을 맞대고 시침핀으로 고정한다.
3   코만든 부분의 꼬리실에 다시 돗바늘을 꿰어 '코와 코 잇기'로 몸통에 연결하고, 남은 실은 몸통 안쪽으로 통과시킨 후 잘라 마무리한다.

◆ 머리 창구멍 닫기 ~ 얼굴 생동감 표현

1   2

1   인형 만들기의 기초 '5. 머리 창구멍 닫기'와 '6. 수성펜 지우기'를 진행하고 '7. 기모내기' 방법으로 머리, 몸통, 팔에 기모를 낸다.
2   '8. 얼굴 생동감 표현'(199쪽)을 참조하여 K13번 패브릭잉크를 얼굴 라인, 눈썹 라인, 눈 테두리에 바르고, 133번 패브릭잉크를 양 볼에 살살 바른다.

목도리

~~~

1~70단

2.0mm 막대바늘과 합사한 실(초록색, 빨간색, 흰색)을 써서 '일반코잡기'로 3코를 만든다.
꼬리실은 10cm 이상 남긴다.
3코 아이코드뜨기 70단(22cm)
꼬리실을 10cm 이상 남기고 '돗바늘로 마무리'한 다음, 남은 실은 목도리 안으로
감추고 잘라 정리한다.

~~~

코 만든 부분은 '감침질하고 돗바늘로 마무리'한 다음, 반대쪽과 같은 방법으로 정리한다.

귀마개

~~~

2.0mm 막대바늘과 흰색 실을 써서 '원형코잡기'로 6코를 만든다.

1단	앞뒤로 늘리며 겉뜨기 6 (총 12코)
2단	겉뜨기
3단	(겉 1, 앞뒤로 늘리며 겉뜨기 1)×6 (총 18코)
4~6단	겉뜨기 3단
7단	(겉 1, 2코 모아뜨기 1)×6 (총 12코)
8단	겉뜨기
9단	2코 모아뜨기 6 (총 6코)

실을 15cm 이상 남기고 자른 다음 '돗바늘로 마무리'하는데, 창구멍이 남을 정도로만 조인다.
같은 방법으로 1개를 더 뜬다.

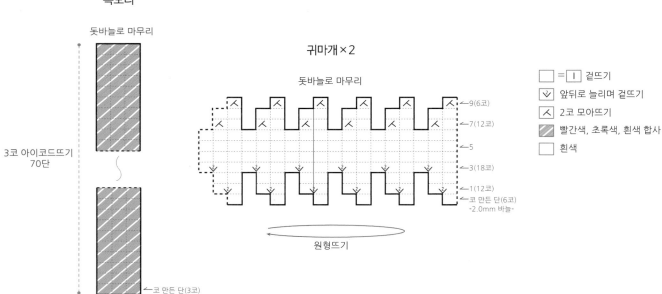

목도리

돗바늘로 마무리

3코 아이코드뜨기
70단

코 만든 단(3코)
-2.0mm 바늘-

귀마개×2

돗바늘로 마무리

9(6코)
7(12코)
5
3(18코)
1(12코)
코 만든 단(6코)
-2.0mm 바늘-

원형뜨기

□ = Ⅰ 겉뜨기
앞뒤로 늘리며 겉뜨기
2코 모아뜨기
빨간색, 초록색, 흰색 합사
흰색

마무리

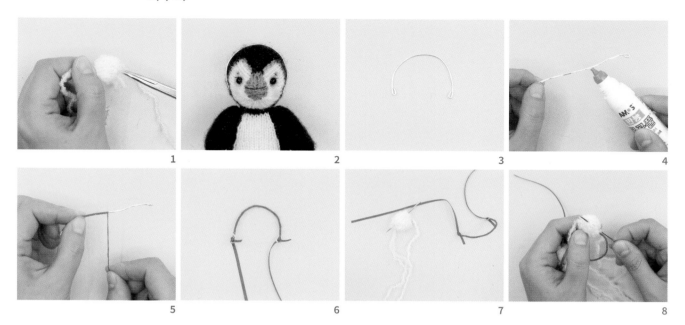

1 귀마개의 창구멍으로 겸자를 사용하여 솜을 조금만 넣는다.
2 1.0mm 공예용 철사(와이어)를 펭귄 머리에 둘러(사진 참조) 길이(약 10cm)를 재고 니퍼로 자른다.
  길이는 완성작의 크기에 맞춰 조절한다.
3 와이어 양쪽 끝을 겸자로 구부린다.
4 와이어에 목공풀을 바른다.
5 빨간색 자수실로 와이어를 촘촘히 감는다.
6 빨간 리본(2.0mm)을 12cm씩 2줄 잘라서 와이어 양끝에 하나씩 묶는다.
7 리본을 돗바늘에 꿰어 귀마개 창구멍을 통해 코만든 단으로 빼내고, 와이어 끝이
  귀마개 안쪽에 위치하도록 조절한다.
8 창구멍은 실을 당겨서 조인 후 매듭짓고 귀마개 안쪽으로 통과시켜 잘라 마무리하고,
  코만든 단은 '감침질하고 돗마늘로 마무리'한다.

전체 마무리

리본 끈을 목 아래에서 묶어 귀마개를 씌우고 목도리를 매준다.

Hedgehog Knitting Pattern

고슴도치

보드를 타는 힙한 고슴도치입니다. 풍성한 가시 때문인지 한껏 뻐기는 것 같기도 하죠?
바람개비를 든 꼬마 고슴도치는 어쩐지 부러운 표정이에요. 가시 부분은 합사실을 사용하고,
루프를 떠서 끝을 자르고 다듬어 완성해요.

크기

고슴도치	10.5cm
버섯스카프	너비 12.8cm(끈 포함), 길이 2cm
모자	모자 챙 둘레 14.6cm, 높이 2.2cm

게이지

고슴도치	메리야스뜨기 50코×60단
버섯스카프	메리야스뜨기 55코×75단

고슴도치 준비물

실	몬디알(Mondial) 키드 모헤어(Kid Mohair) #501 밝은베이지색(2가닥 사용), 합사실(#501 밝은베이지색 1가닥+ #586 다크브라운색 1가닥)
	코 – 아인반트(Einband) #0867 초콜릿색
	인중, 인중, 눈썹 – 자수실 진갈색
바늘	막대바늘 1.75mm 4개, 2.0mm 2개
하드보드 조인트	18mm 1세트(목), 12mm 2세트(팔), 15mm 2세트(다리)
기타	단추눈 4mm 2개, 돗바늘, 모헤어솜, 송곳, 마커, 수성펜, 면봉, 패브릭 잉크 2색(츠키네코 벌사크래프트 #K16, #133), 시침핀, 겸자, 기모브러시, 마감실, 펠트용 1구 바늘

- 처음 코를 만들 때나 코막음을 할 때 실을 여유 있게 남긴다. 이 실은 돗바늘에 꿰어 마감하거나 각 부위를 연결할 때 필요하다.
- 뜨는 과정에 나오는 '겉', '안'은 '겉뜨기'와 '안뜨기'의 줄임말이다.
- 머리털과 가시는 밝은베이지색 실 1가닥과 다크브라운색 실 1가닥을 합사해서 뜬다.

버섯스카프 준비물

실	랑(Lang) 레인포스먼트(Reinforcement) 꼭지실 #060 빨간색, #023 연회색, #095 진밤색, #094 아이보리색
바늘	막대바늘 1.5mm 2개
기타	돗바늘, 가위

모자 준비물

실	랑 레인포스먼트 꼭지실 #095 진밤색
바늘	막대바늘 1.5mm 4개, 1.75mm 4개
기타	돗바늘, 가위, 빨간색 리본(2.0mm), 투명실, 모헤어솜, 시침핀

how to make
고슴도치 뜨기

머리

1.75mm 막대바늘과 밝은베이지색 실을 써서 '일반코잡기'로 8코를 만든다(뒷머리부터).

1단	(안쪽 면) 안뜨기
2단	앞뒤로 늘리며 겉뜨기 8 (총 16코)
3단	안뜨기
4단	(겉 1, 앞뒤로 늘리며 겉뜨기 1)×8 (총 24코)
5~7단	안뜨기로 시작하는 메리야스뜨기 3단. 5단 첫코와 끝코에 마커 또는 별색 실로 표시.
8단	(겉 2, 앞뒤로 늘리며 겉뜨기 1)×8 (총 32코)
9~15단	안뜨기로 시작하는 메리야스뜨기 7단. 15단 첫코와 끝코에 마커 또는 별색 실로 표시.
16단	겉 3, (2코 모아뜨기 1, 겉 2)×7, 겉 1 (총 25코)
17~19단	안뜨기로 시작하는 메리야스뜨기 3단
20단	겉 2, (2코 모아뜨기 1, 겉 1)×7, 겉 2. 7번째 코, 12번째 코의 반코에 마커 또는 별색 실로 표시 (185쪽 '마커 거는 법' 참조). (총 18코)
21단	안뜨기
22단	오른코 줄이기 1, 겉 14, 2코 모아뜨기 1 (총 16코)
23단	안뜨기
24단	오른코 줄이기 1, 겉 12, 2코 모아뜨기 1 (총 14코)
25~29단	안뜨기로 시작하는 메리야스뜨기 5단
30단	오른코 줄이기 1, 겉 1, (오른코 줄이기 1, 2코 모아뜨기 1)×2, 겉 1, 2코 모아뜨기 1 (총 8코)
	바늘 1에 4코, 바늘 2에 4코 나눠서 겉면을 마주 대고 겉뜨기로 뜨면서 '덮어씌워 잇기'를 한다.

몸통

〜〜〜 1.75mm 막대바늘과 밝은베이지색 실을 써서 '일반코잡기'로 12코를 만든다(몸통 아래쪽부터).

1단 (안쪽 면) 안뜨기

2단 앞뒤로 늘리며 겉뜨기 12 (총 24코)

3단 안뜨기

4단 (겉 1, 앞뒤로 늘리며 겉뜨기 1)×12 (총 36코)

5단 안뜨기. 첫코와 끝코에 마커 또는 별색 실로 표시.

6~10단 메리야스뜨기 5단. 10단 9~10번째 코 사이, 27~28번째 코 사이에
마커 또는 별색 실로 표시.

11~19단 안뜨기로 시작하는 메리야스뜨기 9단.

20단 겉 2, (2코 모아뜨기 1, 겉 4)×5, 2코 모아뜨기 1, 겉 2 (총 30코)

21~25단 안뜨기로 시작하는 메리야스뜨기 5단. 23단 8~9번째 코 사이, 22~23번째 코 사이에
마커 또는 별색 실로 표시.

26단 겉 1, (2코 모아뜨기 1, 겉 3)×5, 2코 모아뜨기 1, 겉 2 (총 24코)

27~29단 안뜨기로 시작하는 메리야스뜨기 3단. 27단 첫코와 끝코에 마커 또는 별색 실로 표시.

30~31단 안뜨기 2단

32단 2코 모아뜨기 12 (총 12코)

〜〜〜 꼬리실을 15cm 이상 남기고 자른 다음 '돗바늘로 마무리'한다.

팔 다리 귀

〜〜〜 1.75mm 막대바늘과 밝은베이지색 실을 써서 '다람쥐 팔'과 같이 뜬다(116~117쪽
'다람쥐 뜨기 > 팔' 참조).

〜〜〜 1.75mm 막대바늘과 밝은베이지색 실을 써서 '곰돌이 다리'와 같이 뜬다(20쪽
'곰돌이 뜨기 > 다리' 참조).

〜〜〜 1.75mm 막대바늘과 밝은베이지색 실을 써서 '곰돌이 귀'와 같이 뜬다(21쪽
'곰돌이 뜨기 > 귀' 참조).

머리털

〜〜〜 1.75mm 막대바늘과 합사실(밝은베이지색 1+다크브라운색 1)을 써서 '일반코잡기'로
12코를 만든다(가운데부터). '루프뜨기'(57쪽 설명 참조)할 때 루프 길이는 1.3~1.5cm로 맞춘다.

1단 겉 1, 루프뜨기 10, 겉 1

2단 앞뒤로 늘리며 겉뜨기 12 (총 24코)

3단 겉 1, 루프뜨기 22, 겉 1

4단 (겉 1, 앞뒤로 늘리며 겉뜨기 1)×12 (총 36코)

5단 겉 1, 루프뜨기 34, 겉 1

6단 (겉 2, 앞뒤로 늘리며 겉뜨기 1)×12 (총 48코)

7단 2.0mm 바늘로 바꿔서 겉 1, 루프뜨기 46, 겉 1

〜〜〜 '안뜨기로 코막음'하고 실은 20cm 이상 남기고 자른다.

가시

〜〜〜 2.0mm 막대바늘과 합사실(밝은베이지색 1+다크브라운색 1)을 써서
'일반코잡기'로 12코를 만든다(가운데부터).

1~6단 머리털의 1~6단과 동일.

7단 겉 1, 루프뜨기 46, 겉 1

8단 겉뜨기

9단 겉 1, 루프뜨기 46, 겉 1

〜〜〜 '안뜨기로 코막음'하고 실은 20cm 이상 남기고 자른다.

머리

a, b 겉면을 마주 대고 겉뜨기로 뜨면서 덮어씌워 잇기

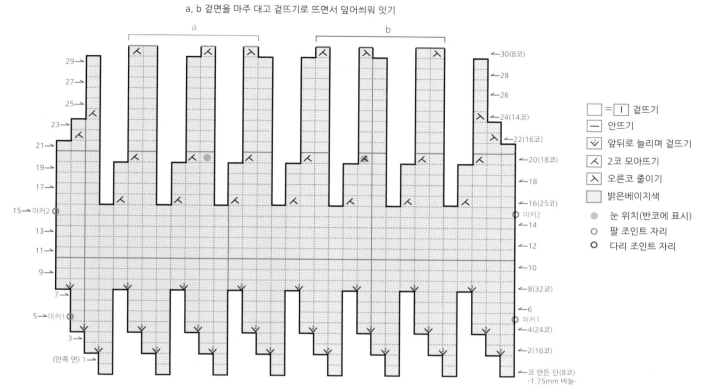

기호	설명
□ = I	겉뜨기
—	안뜨기
⋎	앞뒤로 늘리며 겉뜨기
人	2코 모아뜨기
⋏	오른코 줄이기
▧	밝은베이지색
●	눈 위치(반코에 표시)
◌	팔 조인트 자리
◎	다리 조인트 자리

몸통

돗바늘로 마무리

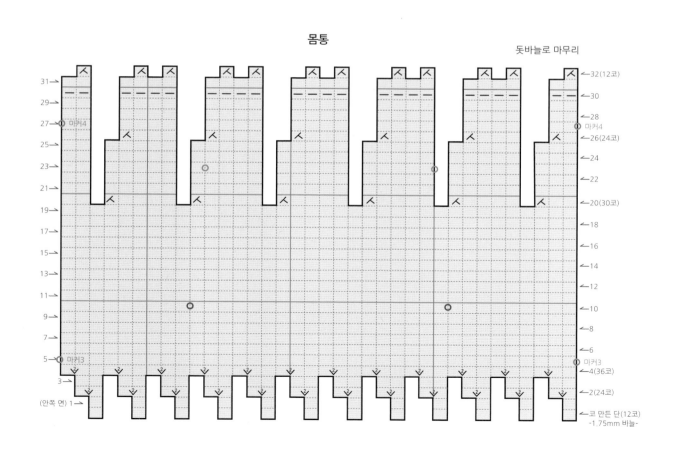

팔×2

a, b 겉면을 마주 대고 겉뜨기로 뜨면서 덮어씌워 잇기

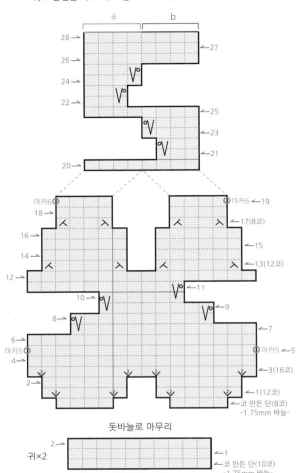

돗바늘로 마무리

귀×2

2 —| |— 1
— 코 만든 단(10코)
-1.75mm 바늘-

다리×2

a, b 겉면을 마주 대고 겉뜨기로 뜨면서 덮어씌워 잇기

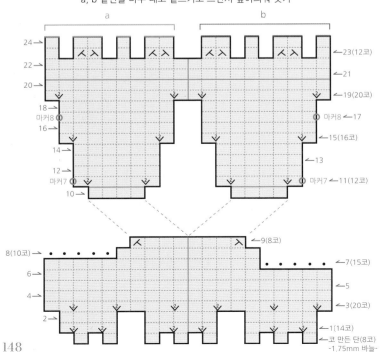

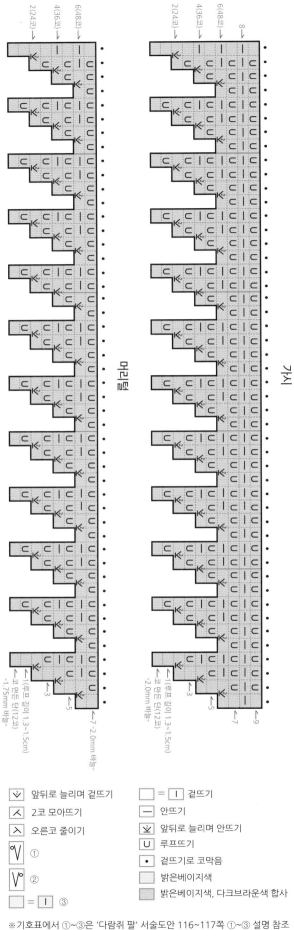

머리털 / 가시

⋎	앞뒤로 늘리며 겉뜨기	□ = I	겉뜨기
人	2코 모아뜨기	—	안뜨기
⋋	오른코 줄이기	⋎	앞뒤로 늘리며 안뜨기
°V	①	U	루프뜨기
V°	②	•	겉뜨기로 코막음
□ = I	③		밝은베이지색
			밝은베이지색, 다크브라운색 합사

※기호표에서 ①~③은 '다람쥐 팔' 서술도안 116~117쪽 ①~③ 설명 참조

148

- 전체 조립과정은 인형 만들기의 기초(192~199쪽)를 따라 진행하되, 고슴도치의 특성에 맞게 달리 작업해야 할 부분에 유의한다.
- 과정 사진에서는 알아보기 쉽도록 굵은 실을 사용했다.
- 스티치 그림에서 홀수 번호는 바늘이 나오는 곳, 짝수 번호는 바늘이 들어가는 곳이다.

◆ 부위별 마무리 ~ 머리-몸통 연결

1   인형 만들기의 기초 '1. 부위별 마무리'를 하고, '2. 조인트 넣기'에서 '조인트로 머리와 몸통 연결'만 먼저 진행한다.

2   차트도안을 참조하여 팔, 다리 조인트 위치를 몸통 겉쪽은 물론 안쪽에도 표시를 한다. 이후 작업에서 몸통 시접은 가슴 쪽으로 둔다.

◆ 가시 붙이기

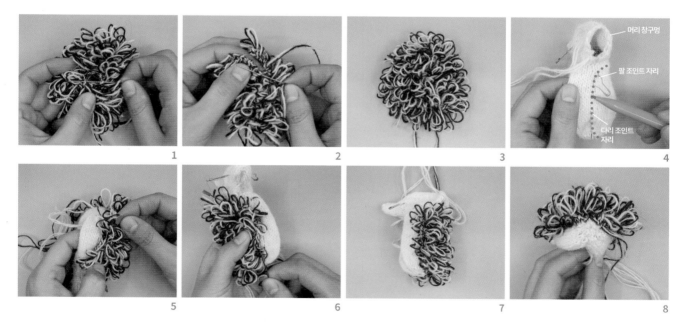

1   '가시'는 편물을 가로로 반으로 접어 코만든 부분을 마주 대고 꼬리실로 감침질하여 꿰맨다.

2   이어서 옆 솔기를 '가터 잇기'로 연결한다.

3   가시를 마무리한 모습.

4   가시를 부착할 위치를 수성펜으로 표시한다. 사진과 같이 등에서부터 양쪽 옆선까지 가시가 덮이도록 선을 그어 위치를 잡는다.

5   가시를 시침핀으로 몸통에 고정한다.

6   가시 코막음 부분의 꼬리실을 돗바늘에 꿰어 몸통과 가시를 '메리야스 잇기'로 잇는다.

7   가시를 붙이고 옆에서 본 모습.

8   가시를 붙이고 아래쪽에서 본 모습.

◆ 팔과 다리 연결 ~ 눈 달기

1   1. 인형 만들기의 기초 '2. 조인트 넣기'에서 '조인트로 팔과 다리 연결'을 진행한다.

2   '3. 솜 넣기'를 진행한다. 머리 뒷부분은 머리털을 씌울 때 뻑뻑한 느낌이 들지 않도록 솜을 조금 부족한 정도로만 채운다.

3   다음으로 '4. 눈 달기'까지 진행하고, 코, 입, 인중, 눈썹 위치를 수성펜으로 표시한다.

◆ 코, 입, 인중, 눈썹 스티치

1   코: '곰돌이 조립하기 > 코, 인중, 입 스티치'(22~23쪽) 2~3번을 참조해 초콜릿색 실로 수를 놓는다.

2   입, 인중, 눈썹: 진갈색 자수실 한 가닥으로 ①~④까지 '플라이 스티치'('곰돌이 조립하기> 코, 인중, 입 스티치'
        4~8번 참조)를 한 다음, 매듭을 짓지 않고 이어서 ⑤~⑧까지 '스트레이트 스티치'를 한다. 바늘을 머리의
        창구멍으로 통과시켜 매듭을 짓고 실을 자른다.

3   스티치를 마친 모습. 이어서 인형 만들기의 기초 '5. 머리 창구멍 닫기'(197~198쪽)를 한다.

◆ 머리털 붙이기 ~ 귀 달기

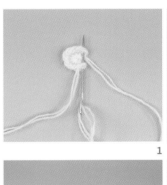

9

10

11

12

1　귀는 옆선을 마주 대고 코 만든 단의 꼬리실로 감침질한다.
2　감침질을 마친 모습.
3　머리털은 '가시 붙이기' 1~3번과 같이 작업해 마무리한다.
4　머리 14단에 수성펜으로 선을 그어 머리털 붙일 위치를 표시한다.
5　표시한 선의 앞뒤 중심에 시침핀으로 머리털을 고정한다.
6　표시한 선을 따라 머리털의 나머지 부분도 시침핀으로 고정한다.
7　시침핀을 꽂고 앞에서 본 모습.
8　머리털 코막음 부분의 꼬리실을 돗바늘에 꿰어 머리와 머리털을
　　'코와 코 잇기'로 잇고, 남은 실은 머리 안쪽으로 통과시켜 정리한다.
9　머리 옆 귀를 달 위치에 시침핀으로 귀를 고정한다.
10　귀의 감침질한 부분의 꼬리실을 돗바늘에 꿰어 사진과 같이
　　머리와 귀를 두세 군데 꿰매어 단단하게 고정한다.
11　남은 실은 머리 안쪽으로 멀리 보내어 정리한다.
12　귀를 단 모습.

◆ 가시와 머리털 아래 솜 넣기

1

2

3

1　머리와 등에 볼록한 느낌을 더하기 위해 머리털과 가시 편물 밑, 인형 머리와 몸통 위 틈에도 솜을 조금 보충한다.
　　이때는 편물 가장자리의 코와 코 사이를 벌려 작업한다.
2　한 손으로 인형을 잡고 겸자로 솜을 조금씩 밀어넣는다.
3　솜을 넣느라 벌린 부분은 송곳으로 실 조직을 밀어 원래대로 좁힌다.

◆ 얼굴 생동감, 가시 표현

1

2

3

1　인형 만들기의 기초 '6. 수성펜 지우기'를 진행하고 '7. 기모 내기' 방법으로 머리와 몸통, 팔 다리에 기모를 낸다.
2　'8. 얼굴 생동감 표현'을 참조하여 K16번 패브릭잉크를 눈 테두리와 눈썹 라인, 코, 인중, 손끝, 발바닥에 바르고,
　　133번 패브릭잉크를 양 볼에 살살 바른다.
3　머리털과 가시의 루프마다 가위를 넣어 자르고 길이가 비슷하도록 가위로 다듬는다.

〰〰〰 1.5mm 막대바늘과 진밤색 실을 써서 '원형코잡기'로 8코를 만든다(모자 윗부분부터).

1단	앞뒤로 늘리며 겉뜨기 8 (총 16코)
2단	겉뜨기
3단	(겉 1, 앞뒤로 늘리며 겉뜨기 1)×8 (총 24코)
4단	겉뜨기
5단	(겉 2, 앞뒤로 늘리며 겉뜨기 1)×8 (총 32코)
6단	겉뜨기
7단	(겉 3, 앞뒤로 늘리며 겉뜨기 1)×8 (총 40코)
8~14단	겉뜨기 7단

모자

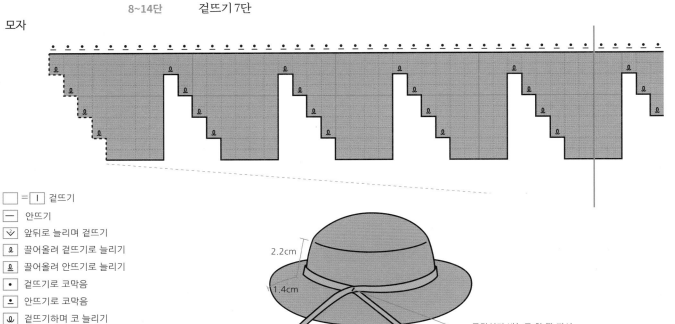

□ =Ⅰ	겉뜨기
─	안뜨기
⋎	앞뒤로 늘리며 겉뜨기
ℓ	끌어올려 겉뜨기로 늘리기
ℓ	끌어올려 안뜨기로 늘리기
•	겉뜨기로 코막음
⊡	안뜨기로 코막음
ℓ	겉뜨기하며 코 늘리기
ℓ	안뜨기하며 코 늘리기
✕	아이보리색으로 메리야스 스티치
▨	빨간색
▧	연회색
▨	진밤색

2.2cm
1.4cm
투명실과 바늘로 한 땀 떠서 고정한다.
2.0mm 리본
14.6cm

버섯스카프

3.8cm
4.8cm

2cm

15(67코)
13(27코)
11(23코)
9(19코)
7(15코)
5(11코)
3(7코)
(안쪽 면) 1

느슨하게 '겉뜨기로 코막음'을 하고. 맨 마지막에 고리를 만들어 그 사이로 실을
(자르지 않은 그대로) 빼낸다.

15단	뒤쪽 반코에 바늘을 넣어 40코를 줍는다(28쪽 '반코에서 코줍기' 참조).
16단	겉뜨기
17단	(겉 4, 끌어올려 겉뜨기로 늘리기 1)×10 (총 50코)
18단	겉뜨기
19단	(겉 5, 끌어올려 겉뜨기로 늘리기 1)×10 (총 60코)
20단	겉뜨기
21단	(겉 6, 끌어올려 겉뜨기로 늘리기 1)×10 (총 70코)
22단	겉뜨기
23단	(겉 7, 끌어올려 겉뜨기로 늘리기 1)×10 (총 80코)
24단	겉뜨기
〰	**1.75mm 막대바늘로 바꿔서 '안뜨기로 코막음'**을 한다.

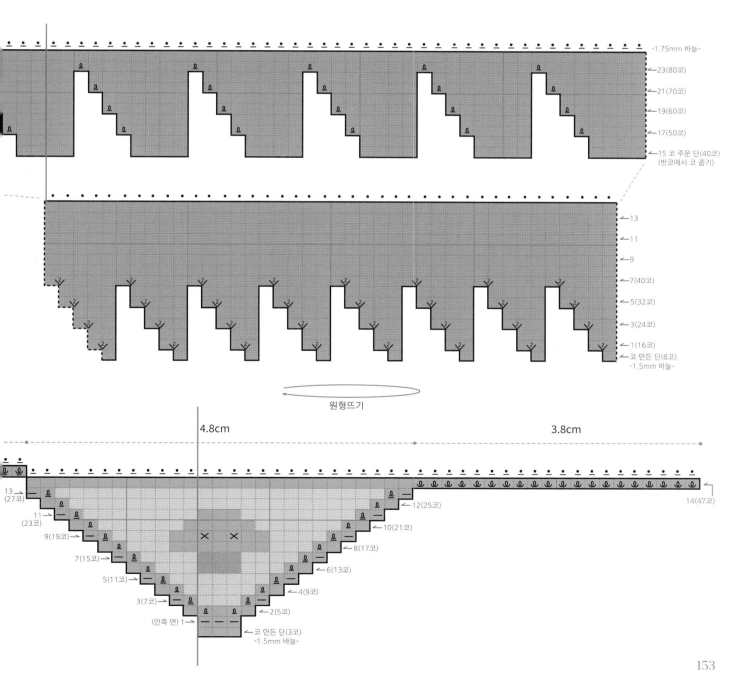

-1.75mm 바늘-
←23(80코)
←21(70코)
←19(60코)
←17(50코)
←15 코 주운 단(40코)
　(반코에서 코 줍기)

←13
←11
←9
←7(40코)
←5(32코)
←3(24코)
←1(16코)
←코 만든 단(8코)
-1.5mm 바늘-

원형뜨기

4.8cm　　　　　　3.8cm

13→
(27코)
11→
(23코)
9(19코)→
7(15코)→
5(11코)→
3(7코)→
(안쪽 면) 1→
코 만든 단(3코)
-1.5mm 바늘-

←12(25코)
←10(21코)
←8(17코)
←6(13코)
←4(9코)
←2(5코)

14(47코)→

153

마무리

1 스팀다리미로 저온에서 다림질한다.

2 코 만든 곳(모자 윗부분)은 '감침질하고 돗바늘로 마무리'하고 남은 실을 모자 안쪽으로 넣어 정리한다.

3 코막음한 곳의 꼬리실은 돗바늘을 써서 모자 안쪽으로 정리한다.

4 모자 안쪽에 솜을 조금 넣어 입체감을 살린다.

5 리본(2.0mm)은 모자 둘레를 따라 투명실로 군데군데 꿰매어 모자에 두르고 양끝을 교차시킨 후 자른다.

how to make
버섯스카프 뜨기

〰	1.5mm 막대바늘과 빨간색 실(바탕색 표시 X)을 써서 '일반코잡기'로 3코를 만든다.
1단	(안쪽 면) 겉뜨기
2단	(겉 1, 끌어올려 겉뜨기로 늘리기 1)×2, 겉 1 (총 5코)
3단	겉 1, 끌어올려 겉뜨기로 늘리기 1, 연회색실을 연결하여 안 3, 끌어올려 겉뜨기로 늘리기 1, 겉 1 (총 7코)
4단	겉 1, 끌어올려 겉뜨기로 늘리기 1, 겉 5, 끌어올려 겉뜨기로 늘리기 1, 겉 1 (총 9코)
5단	겉 1, 끌어올려 겉뜨기로 늘리기 1, 안 7, 끌어올려 겉뜨기로 늘리기 1, 겉 1 (총 11코)
6단	겉 1, 끌어올려 겉뜨기로 늘리기 1, 겉 3, 진밤색 실을 연결하여 겉 3, 겉 3, 끌어올려 겉뜨기로 늘리기 1, 겉 1 (총 13코)
7단	겉 1, 끌어올려 겉뜨기로 늘리기 1, 안 4, 안 3, 안 4, 끌어올려 겉뜨기로 늘리기 1, 겉 1 (총 15코)
8단	겉 1, 끌어올려 겉뜨기로 늘리기 1, 겉 3, 겉 7, 겉 3, 끌어올려 겉뜨기로 늘리기 1, 겉 1 (총 17코)
9단	겉 1, 끌어올려 겉뜨기로 늘리기 1, 안 4, 안 7, 안 4, 끌어올려 겉뜨기로 늘리기 1, 겉 1 (총 19코)
10단	겉 1, 끌어올려 겉뜨기로 늘리기 1, 겉 6, 겉 5, 겉 6, 끌어올려 겉뜨기로 늘리기 1, 겉 1 (총 21코)
11단	겉 1, 끌어올려 겉뜨기로 늘리기 1, 안 8, 안 3, 안 8, 끌어올려 겉뜨기로 늘리기 1, 겉 1 (총 23코)
12단	겉 1, 끌어올려 겉뜨기로 늘리기 1, 겉 21, 끌어올려 겉뜨기로 늘리기 1, 겉 1 (총 25코)
13단	겉 1, 끌어올려 겉뜨기로 늘리기 1, 안 23, 끌어올려 겉뜨기로 늘리기 1, 겉 1 (총 27코)
14단	겉뜨기하며 코 늘리기 20, 이하 겉뜨기 (총 47코)
15단	겉뜨기하며 코 늘리기 20, 이하 겉뜨기로 코막음 (총 67코)

마무리

1 스팀다리미로 저온에서 다림질하여 배색 부분을 잘 편다.

2 남은 실들은 돗바늘에 꿰어 안쪽에서 올 사이로 숨기고 잘라 정리한다.

3 차트도안을 참고하여 아이보리색 실로 '메리야스 스티치'(84쪽 '버섯가방 뜨기> 마무리'
5~7번 참조)를 한다.

finishing
전체 마무리

고슴도치 머리 위에 시침핀으로 모자를 고정하고 버섯스카프를 목에 둘러준다.

information _____

큰 고슴도치

크기	17 cm
바늘	막대바늘 2.5mm 4개, 2.75mm 2개
하드보드 조인트	25mm 1세트(목), 20mm 2세트(팔), 25mm 2세트(다리)
실	아인반트(Einband) #0851 흰색, #0867 초콜릿색
눈	단추눈 5.0mm 2개

how to make _____

바꾼 실과 바늘, 조인트를 준비한 다음, 기존 도안 그대로 뜨고 조립해 완성하면 된다.

1   작은 고슴도치에서 1.75mm 바늘로 뜬 부분은 2.5mm 바늘로, 2.0mm 바늘로 뜬 부분은 2.75mm 바늘로 뜬다.
2   머리털과 가시는 흰색 실과 초콜릿색 실을 1가닥씩 합사하여 뜬다.

Giraffe Knitting Pattern

기린

나무 평상 위에서 뜨개질하며 즐거운 시간을 보내고 있는 기린 친구들이에요.

뽀글한 머리털과 앙증맞은 뿔, 늘씬하고 긴 목이 매력 포인트예요. 싱그럽고 촉촉한 숲속 공기 덕분일까요?

걸터앉은 나무 밑동에 알록달록 버섯이 돋았어요.

INFORMATION

크기

기린	17cm
원피스	밑단 둘레 20.8cm, 길이 5.7cm
나무 밑동	가로 7cm, 세로 23.5cm
버섯(소)	3cm
버섯(중)	6.5cm
뜨개소품	가로 4cm, 세로 2.5cm

게이지

기린	메리야스뜨기 50코×60단
원피스	메리야스뜨기 55코×75단

기린 준비물

실	산네스 간(Sandnes Garn) 틴 실크 모헤어(Tynn Silk Mohair) #2113 밀짚노란색(2가닥 사용), 리치모어(Rich More) 엑설런트 모헤어 카운트 10(Excellent Mohair Count 10) #26번 **진베이지색**(2가닥 사용) **코, 속눈썹, 눈썹 – 자수실 진갈색**
바늘	막대바늘 1.75mm 4개
하드보드 조인트	12mm 2세트(팔), 15mm 2세트(다리)
기타	단추눈 4mm 2개, 돗바늘, 모헤어솜, 송곳, 마커, 수성펜, 면봉, 패브릭 잉크 2색(츠키네코 벌사크래프트 #K16, #133), 시침핀, 겸자, 마감실, 펠트용 1구 바늘, 공예용 철사(1.5mm), 니퍼

- 처음 코를 만들 때나 코막음을 할 때 실을 여유 있게 남긴다. 이 실은 돗바늘에 꿰어 마감하거나 각 부위를 연결할 때 필요하다.
- 뜨는 과정에 나오는 '겉', '안'은 '겉뜨기'와 '안뜨기'의 줄임말이다.
- 몸통과 귀는 세로무늬 배색(인타르시아)뜨기로 진행하는데, 연결 코가 느슨하면 구멍이 생길 수 있으므로 주의해서 뜬다.
- 나무 밑동은 원형뜨기, 버섯은 원형뜨기와 가로무늬 배색(페어아일)뜨기로 진행한다.

원피스 준비물

실	랑(Lang) 레인포스먼트(Reinforcement) 꼭지실 #188 진청록색, #094 아이보리색
바늘	막대바늘 1.5mm 4개
기타	돗바늘, 가위, 바느질실, 바늘, 단추 3.0mm 3개

나무 밑동 준비물

실	진밤색 합사실[아인반트(Einband) #9076 진밤색 1가닥+CM필아트(CM Feelart) 베리에이션사 #VE14 그러데이션베이지색 1가닥], 초콜릿색 합사실[아인반트 #0867 초콜릿색 1가닥+CM필아트 베리에이션사 #VE14 그러데이션베이지색 1가닥]
바늘	막대바늘 2.75mm 4개
기타	돗바늘, 모헤어솜, 송곳, 수성펜, 겸자, 가위, 얇은 가방바닥판, 시침핀

버섯 준비물

실	아인반트 #0851 흰색, #1770 빨간색, #9132 진보라색, #1766 주황색
바늘	막대바늘 2.0mm 4개
기타	돗바늘, 모헤어솜, 송곳, 수성펜, 겸자, 얇은 가방바닥판, 가위

뜨개소품 준비물

실	아인반트 #9268 연두색, #1768 핫핑크색
바늘	막대바늘 2.0mm 2개
기타	돗바늘, 가위, 이쑤시개 2개

머리

〰〰〰	1.75mm 막대바늘과 밀짚노란색 실(바탕색 표시 X)을 써서 '일반코잡기'로 8코를 만든다(뒷머리부터)
1단	(안쪽 면) 안뜨기
2단	앞뒤로 늘리며 겉뜨기 8 (총 16코)
3단	안뜨기
4단	(겉 1, 앞뒤로 늘리며 겉뜨기 1)×8 (총 24코)
5~7단	안뜨기로 시작하는 메리야스뜨기 3단. 5단 첫코와 끝코에 마커 또는 별색 실로 표시.
8단	(겉 2, 앞뒤로 늘리며 겉뜨기 1)×8 (총 32코)
9~13단	안뜨기로 시작하는 메리야스뜨기 5단. 13단 첫코와 끝코에 마커 또는 별색 실로 표시.
14~15단	메리야스뜨기 2단. 15단 16~17번째 코 사이에 마커 또는 별색 실로 표시.
16단	겉 3, (2코 모아뜨기 1, 겉 2)×7, 겉 1 (총 25코)
17~19단	안뜨기로 시작하는 메리야스뜨기 3단
20단	겉 3, (2코 모아뜨기 1, 겉 1)×7, 겉 1. 7번째 코의 반코와 12번째 코의 반코에 마커 또는 별색 실로 표시(185쪽 '마커 거는 방법' 참조). (총 18코)
21단	안뜨기
22단	겉 5, 오른코 줄이기 1, 겉 4, 2코 모아뜨기 1, 겉 5 (총 16코)
23~29단	안뜨기로 시작하는 메리야스뜨기 7단
30단	겉 1, (2코 모아뜨기 1, 겉 2)×3, 2코 모아뜨기 1, 겉 1 (총 12코)
31단	안뜨기
32단	(겉 1, 2코 모아뜨기 1)×4 (총 8코)
〰〰〰	바늘 1에 4코, 바늘 2에 4코 나눠서 겉면을 마주 대고 겉뜨기로 뜨면서 '덮어씌워 잇기'를 한다.

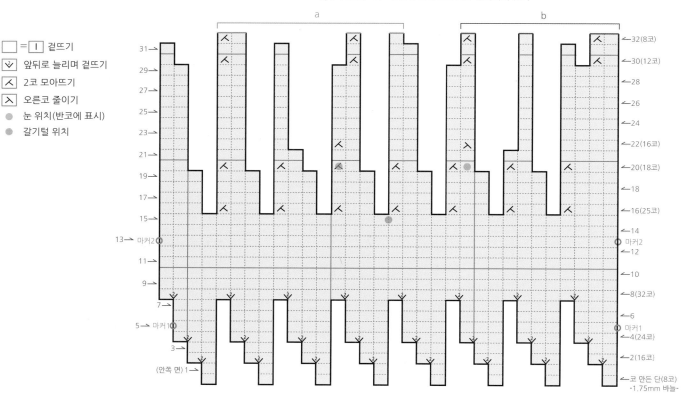

a, b 겉면을 마주 대고 겉뜨기로 뜨면서 덮어씌워 잇기

□ = | 겉뜨기
⩔ 앞뒤로 늘리며 겉뜨기
⋏ 2코 모아뜨기
⋌ 오른코 줄이기
● 눈 위치(반코에 표시)
● 갈기털 위치

몸통

~~	1.75mm 막대바늘과 밀짚노란색 실(바탕색 표시 X)을 써서 '일반코잡기'로 12코를 만든다(몸통 아래쪽부터).
1단	(안쪽 면) 안뜨기
2단	앞뒤로 늘리며 겉뜨기 12 (총 24코)
3단	안뜨기
4단	(겉 1, 앞뒤로 늘리며 겉뜨기 1)×12 (총 36코)
5단	안뜨기. 첫코와 끝코에 마커 또는 별색 실로 표시.
6~10단	메리야스뜨기 5단. 10단 9~10번째 코 사이와 27~28번째 코 사이에 마커 또는 별색 실로 표시.
11~21단	안뜨기로 시작하는 메리야스뜨기 11단
22단	겉 2, (2코 모아뜨기 1, 겉 4)×5, 2코 모아뜨기 1, 겉 2 (총 30코)
23~29단	안뜨기로 시작하는 메리야스뜨기 7단. 27단 8~9번째 코 사이와 22~23번째 코 사이에 마커 또는 별색 실로 표시.
30단	겉 1, (2코 모아뜨기 1, 겉 3)×5, 2코 모아뜨기 1, 겉 2 (총 24코)
31단	안뜨기. 첫코와 끝코에 마커 또는 별색 실로 표시.
32단	겉 7, **진베이지색 실을 연결하여 겉** 1, 겉 8, **겉** 1, 겉 7
33단	안 7, **안** 2, 안 6, **안** 2, 안 7
34단	겉 7, **겉** 3, 겉 4, **겉** 3, 겉 7
35단	안 8, **안** 3, 안 2, **안** 3, 안 8
36단	겉 9, **겉** 2, 겉 2, **겉** 2, 겉 9
37단	안 10, **안** 1, 안 2, **안** 1, 안 10
38단	겉 5, 2코 모아뜨기 1, **겉** 1, 겉 8, **겉** 1, 2코 모아뜨기 1, 겉 5 (총 22코)
39단	안 6, **안** 2, 안 6, **안** 2, 안 6. 첫코와 끝코에 마커 또는 별색 실로 표시.
40단	겉 6, **겉** 3, 겉 4, **겉** 3, 겉 6
41단	안 7, **안** 3, 안 2, **안** 3, 안 7
42단	겉 8, **겉** 2, 겉 2, **겉** 2, 겉 8
43단	안 9, **안** 1, 안 2, **안** 1, 안 9
44단	겉 4, 2코 모아뜨기 1, **겉** 1, 겉 8, **겉** 1, 2코 모아뜨기 1, 겉 4 (총 20코)
45단	안 5, **안** 2, 안 6, **안** 2, 안 5
46단	겉 5, **겉** 3, 겉 4, **겉** 3, 겉 5
47단	안 6, **안** 3, 안 2, **안** 3, 안 6
48단	겉 7, **겉** 2, 겉 2, **겉** 2, 겉 7
49단	안 8, **안** 1, 안 2, **안** 1, 안 8
50단	겉뜨기
51~53단	안뜨기 3단
54단	2코 모아뜨기 10 (총 10코)
~~	꼬리실을 15cm 이상 남기고 자른 다음 '돗바늘로 마무리'한다.

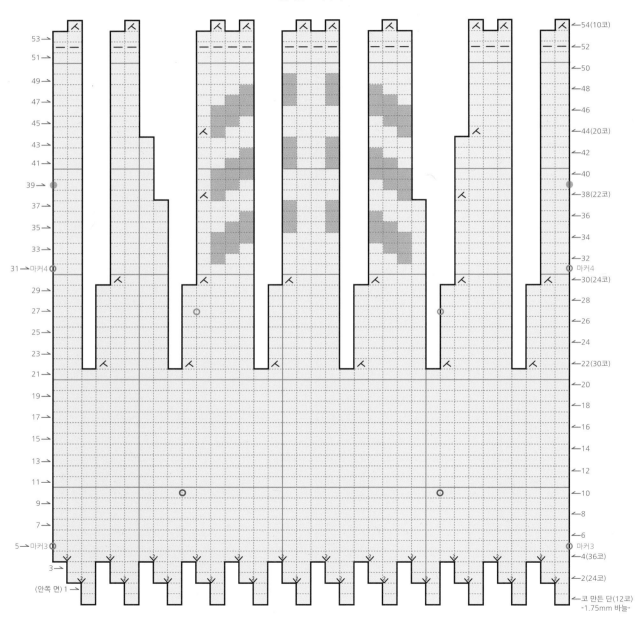

몸통

돗바늘로 마무리

= □ 겉뜨기
□ 안뜨기
앞뒤로 늘리며 겉뜨기
2코 모아뜨기
진베이지색
밀짚노란색
○ 팔 조인트 자리
◎ 다리 조인트 자리
● 갈기털 위치

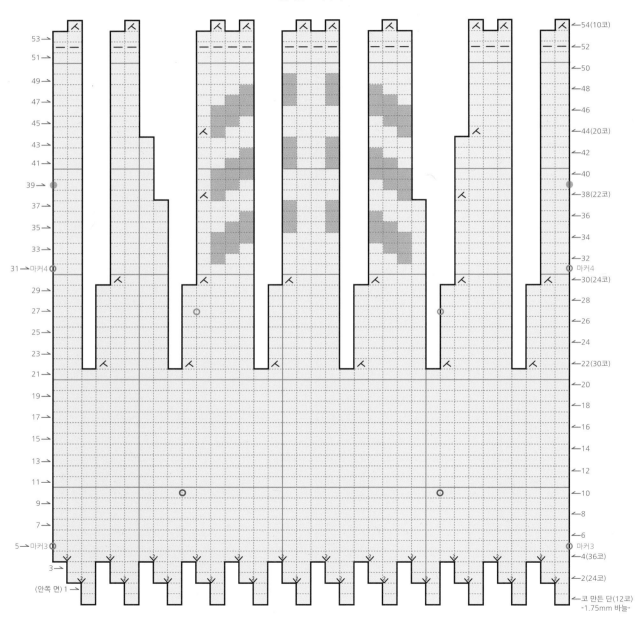

다리

1.75mm 막대바늘과 밀짚노란색 실(바탕색 표시 X)을 써서 '일반코잡기'로 12코를 만든다(다리 몸쪽부터).

1단	(앞뒤로 늘리며 겉뜨기 1, 겉 4, 앞뒤로 늘리며 겉뜨기 1)×2 (총 16코)
2단	안뜨기
3단	(앞뒤로 늘리며 겉뜨기 1, 겉 6, 앞뒤로 늘리며 겉뜨기 1)×2 (총 20코)
4~8단	안뜨기로 시작하는 메리야스뜨기 5단. 6단 첫코와 끝코에 마커 또는 별색 실로 표시.
9단	(오른코 줄이기 1, 겉 6, 2코 모아뜨기 1)×2 (총 16코)
10~12단	안뜨기로 시작하는 메리야스뜨기 3단
13단	(오른코 줄이기 1, 겉 4, 2코 모아뜨기 1)×2 (총 12코)
14~20단	안뜨기로 시작하는 메리야스뜨기 7단
21단	겉 4, 2코 모아뜨기 1, 오른코 줄이기 1, 겉 4 (총 10코)
22~24단	안뜨기로 시작하는 메리야스뜨기 3단. 22단 첫코와 끝코에 마커 또는 별색 실로 표시.
25단	진베이지색 실을 연결하여 겉뜨기하며 코 늘리기 3, 겉 2, 끌어올려 겉뜨기로 늘리기 1, 겉 6, 끌어올려 겉뜨기로 늘리기 1, 겉 2 (총 15코)
26단	안뜨기하며 코 늘리기 3, 안 15 (총 18코)
27~31단	메리야스뜨기 5단

바늘 1에 9코, 바늘 2에 9코 나눠서 겉면을 마주 대고 겉뜨기로 뜨면서 '덮어씌워 잇기'를 한다.
같은 방법으로 다리 1개를 더 뜬다.

다리×2

a, b 겉면을 마주 대고 겉뜨기로 뜨면서 덮어씌워 잇기

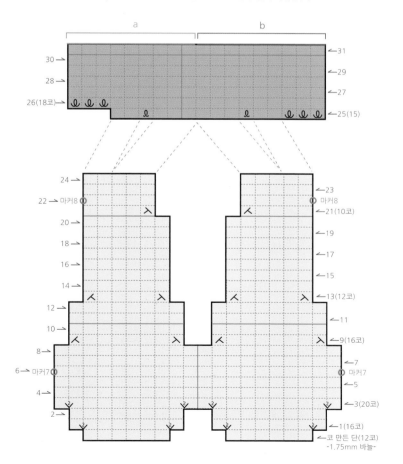

□=│	겉뜨기
⩔	앞뒤로 늘리며 겉뜨기
⼃	2코 모아뜨기
⼁	오른코 줄이기
ℓ	끌어올려 겉뜨기로 늘리기
ℓ	겉뜨기하며 코늘리기
▨	진베이지색
□	밀짚노란색

팔

〰〰〰 1.75mm 막대바늘과 밀짚노란색 실(바탕색 표시 X)을 써서 '일반코잡기'로 8코를 만든다(팔 몸쪽부터)

1단 (앞뒤로 늘리며 겉뜨기 1, 겉 2, 앞뒤로 늘리며 겉뜨기 1)×2 (총 12코)

2단 안뜨기

3단 (앞뒤로 늘리며 겉뜨기 1, 겉 4, 앞뒤로 늘리며 겉뜨기 1)×2 (총 16코)

4~8단 안뜨기로 시작하는 메리야스뜨기 5단. 5단 첫코와 끝코에 마커 또는 별색 실로 표시.

9단 (오른코 줄이기 1, 겉 4, 2코 모아뜨기 1)×2 (총 12코)

10~14단 안뜨기로 시작하는 메리야스뜨기 5단

15단 (오른코 줄이기 1, 겉 2, 2코 모아뜨기 1)×2 (총 8코)

16~20단 안뜨기로 시작하는 메리야스뜨기 5단. 19단 첫코와 끝코에 마커 또는 별색 실로 표시.

21~27단 **진베이지색 실을 연결하여 메리야스뜨기 7단**

〰〰〰 **바늘 1에 4코, 바늘 2에 4코 나눠서 겉면을 마주대고 겉뜨기로 뜨면서 '덮어씌워 잇기'를 한다.**
같은 방법으로 팔 1개를 더 뜬다.

귀

〰〰〰 1.75mm 막대바늘과 밀짚노란색 실(바탕색 표시 X)을 써서 '일반코잡기'로 19코를 만든다(귀 몸쪽부터)

1단 겉 6, **진베이지색 실을 연결하여 겉 7**, 겉 6

2단 안 6, **안 7**, 안 6

3단 겉 6, **겉 7**, 겉 6

4~5단 2~3단 동일

6단 2단과 동일

7단 겉 3, 2코 모아뜨기 1, 겉 1, **오른코 줄이기 1, 겉 3, 2코 모아뜨기 1**, 겉 1,
오른코 줄이기 1, 겉 3 (총 15코)

8단 안 5, **안 5**, 안 5

9단 겉 2, 2코 모아뜨기 1, 겉 1, **오른코 줄이기 1, 겉 1, 2코 모아뜨기 1**, 겉 1,
오른코 줄이기 1, 겉 2 (총 11코)

10단 안 4, **안 3**, 안 4

11단 겉 1, 2코 모아뜨기 1, 겉 1, 중심 3코 모아뜨기 1, 겉 1, 오른코 줄이기 1, 겉 1 (총 7코)

12단 안뜨기

13단 2코 모아뜨기 1, 중심 3코 모아뜨기 1, 오른코 줄이기 1 (총 3코)

〰〰〰 꼬리실을 15cm 이상 남기고 자른 다음 '돗바늘로 마무리'한다. 같은 방법으로 귀 1개를 더 뜬다.

뿔

〰〰〰 1.75mm 막대바늘과 밀짚노란색 실(바탕색 표시 X)을 써서 '원형코잡기'로 6코를 만든다(뿔 몸쪽부터)

1~5단 겉뜨기 5단

6단 **진베이지색 실을 연결하여 겉뜨기**

7~8단 **겉뜨기 2단**

〰〰〰 **실을 15cm 이상 남기고 자른 다음 '돗바늘로 마무리'한다. 같은 방법으로 뿔 1개를 더 뜬다.**

꼬리

〰〰〰 1.75mm 막대바늘과 **진베이지색 실**을 써서 '일반코잡기'로 4코를 만들어 '아이코드뜨기'를 한다
(꼬리 끝 쪽부터). '루프뜨기'(57쪽 설명 참조)할 때 루프 길이는 1.5cm로 맞춘다.

1~2단 **루프뜨기 4**, 코를 바늘 반대편 끝 쪽으로 밀어 옮긴다.

3단 밀짚노란색 실(바탕색 표시 X)을 연결하여 오른코 줄이기 1, 2코 모아뜨기 1 (총 2코).
코를 바늘 반대편 끝 쪽으로 밀어 옮긴다.

4~13단 2코 아이코드뜨기 10단

〰〰〰 꼬리실을 15cm 이상 남기고 자른 다음 '돗바늘로 마무리'한다.

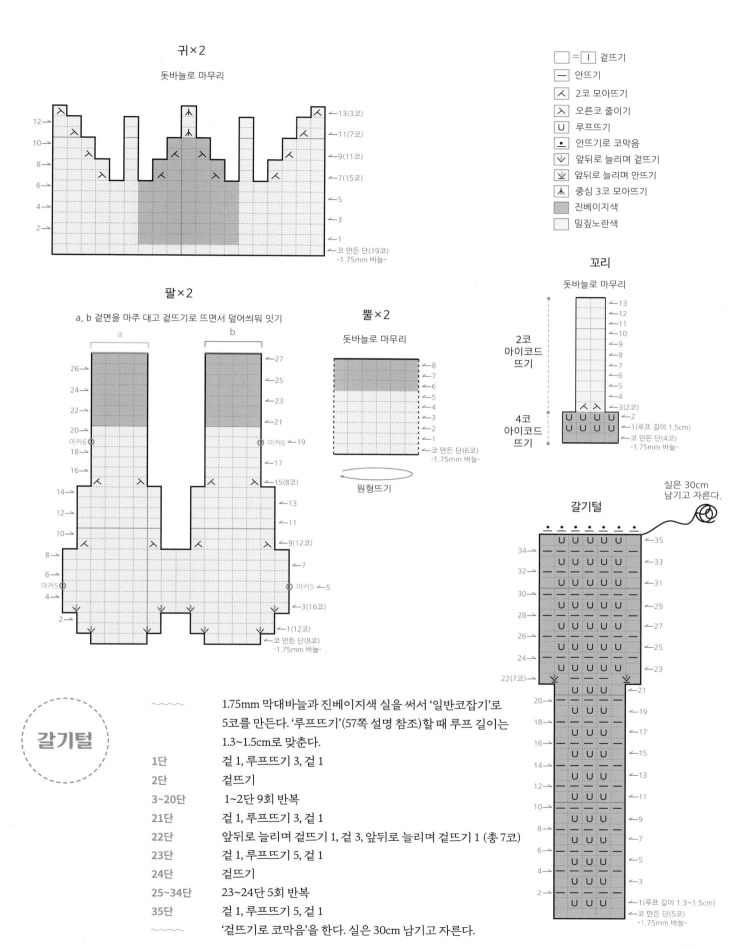

귀×2

돗바늘로 마무리

팔×2

a, b 겉면을 마주 대고 겉뜨기로 뜨면서 덮어씌워 잇기

뿔×2

돗바늘로 마무리

원형뜨기

꼬리

돗바늘로 마무리

2코 아이코드 뜨기

4코 아이코드 뜨기

갈기털

실은 30cm 남기고 자른다.

□ = |ㅣ 겉뜨기
— 안뜨기
人 2코 모아뜨기
⅄ 오른코 줄이기
U 루프뜨기
• 안뜨기로 코막음
⤓ 앞뒤로 늘리며 겉뜨기
⤓ 앞뒤로 늘리며 안뜨기
⅄ 중심 3코 모아뜨기
▨ 진베이지색
▨ 밀짚노란색

갈기털

~~~~~ 1.75mm 막대바늘과 진베이지색 실을 써서 '일반코잡기'로 5코를 만든다. '루프뜨기'(57쪽 설명 참조)할 때 루프 길이는 1.3~1.5cm로 맞춘다.

1단	겉 1, 루프뜨기 3, 겉 1
2단	겉뜨기
3~20단	1~2단 9회 반복
21단	겉 1, 루프뜨기 3, 겉 1
22단	앞뒤로 늘리며 겉뜨기 1, 겉 3, 앞뒤로 늘리며 겉뜨기 1 (총 7코)
23단	겉 1, 루프뜨기 5, 겉 1
24단	겉뜨기
25~34단	23~24단 5회 반복
35단	겉 1, 루프뜨기 5, 겉 1

~~~~~ '겉뜨기로 코막음'을 한다. 실은 30cm 남기고 자른다.

• 전체 조립과정은 인형 만들기의 기초(192~199쪽)를 따라 진행하되, 기린의 특성에 맞게 달리 작업해야 할 부분에 유의한다.

• 과정 사진에서는 알아보기 쉽도록 굵은 실을 사용했다.

• 스티치 그림에서 홀수 번호는 바늘이 나오는 곳, 짝수 번호는 바늘이 들어가는 곳이다.

◆ 부위별 마무리 ~ 조인트로 팔과 다리 연결

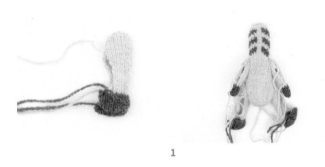

1

2

1 인형 만들기의 기초 '1. 부위별 마무리'대로 머리와 몸통, 팔을 마무리한다. 다리는 코 만든 부분을 반으로 접어 5코씩 마주 대고 꼬리실로 감침질한다. 이어 솔기를 마커 7 위치까지 '메리야스 잇기'로 연결하고, 남은 실은 정리하지 않고 그대로 둔다.

2 '2. 조인트 넣기'의 '조인트로 팔과 다리 연결'을 한다.

◆ 머리에 솜 넣기 ~ 머리와 몸통 연결

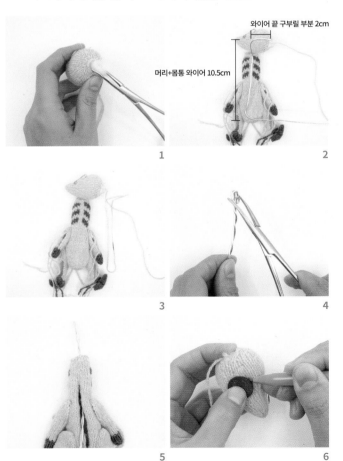

머리+몸통 와이어 10.5cm

와이어 끝 구부릴 부분 2cm

1

2

3

4

5

6

1 인형만들기의 기초 '3. 솜 넣기 > 머리'(196쪽)를 진행한다.

2 머리와 몸통에 넣을 1.5mm 공예용 철사 (와이어)로 구부릴 부분(약 2cm)을 포함해 머리 중심부터 몸통 끝까지 길이(약 12.5cm)를 잰다. 와이어 길이는 완성작의 크기에 맞춰 조절한다.

3 와이어는 잰 길이의 2배(약 25cm)를 준비해서 반으로 접고 나머지는 니퍼로 잘라낸다.

4 겸자로 와이어를 적당히 꼬고 끝부분을 구부린다.

5 와이어를 몸통 속으로 넣어 목 중심으로 빼낸다.

6 머리에 목이 연결될 곳을 수성펜으로 표시한다(중심이 마커2 부분). 목의 52~54단 가터뜨기로 생긴 원형(지름 약 16mm) 라인과 크기가 같은 조인트 디스크나 원형 물건을 대고 그리면 편리하다.

7 수성펜으로 표시한 곳 한가운데(마커2 부분)를 송곳으로 찔러서 와이어가 들어갈 구멍을 만든다.

8 구멍으로 와이어를 넣는다.

9 아래쪽 와이어는 겸자를 사용해 몸통 길이에 맞게 접는다.

10 겸자로 목 부분에 솜을 조금만 넣고 앞쪽 얼굴 중심과 몸통 중심이 일치하도록 수성펜으로 표시한다.

11 머리와 목을 시침핀으로 고정한다.

12 시침핀으로 고정한 뒷모습.

13 밀짚노란색 새 실을 돗바늘에 꿰어 매듭짓고 가터라인(52단)이 바깥에서 보이지 않도록 몸통 51단과 머리를 '메리야스 잇기'로 꿰맨다(꿰매는 실이 보이지 않도록 바짝 당기면서 바느질한다). 꿰매고 남은 실은 몸통 깊이 통과시키고 살짝 당겨 매듭지은 후 잘라서 몸통 안쪽으로 정리한다.

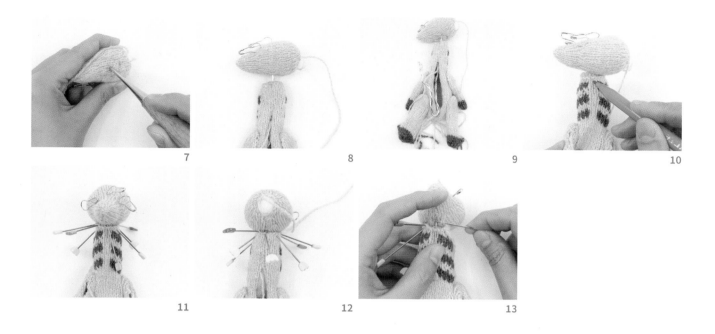

7   8   9   10

11   12   13

◆ 몸통과 팔, 다리에 솜 넣기

1   몸통에 솜을 넣을 때 와이어가 가운데 위치하도록 주의하면서, 인형만들기의 기초
    '3. 솜 넣기>몸통, 팔'(196쪽)을 진행한다. 다리는 코막음 부분의 꼬리실을 돗바늘에 꿰어
    27단까지 '메리야스 잇기'하고 25~26단은 '코와 코 잇기'를 한다(사진).
    이어 22(차트도안의 마커 8 표시)~24단은 '메리야스 잇기'를 하고 솜을 채운 다음
    남은 솔기를 메리야스 잇기로 꿰매고 남은 실은 바늘을 다리 안쪽으로 통과시켜
    잘라 정리한다.

1

◆ 눈 달기 ~ 코, 속눈썹, 눈썹 스티치

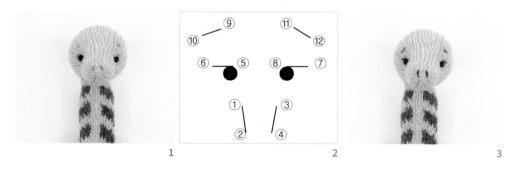

1   2   3

1   인형 만들기의 기초 '4. 눈 달기'를 하고 코, 속눈썹, 눈썹 위치를 수성펜으로 표시한다.
2   진갈색 자수실 두 가닥을 긴 돗바늘에 꿰어 ①로 보내고 ④까지 순서대로 '스트레이트 스티치'를 한다. 남은
    실은 머리의 창구멍으로 빼내어 매듭을 짓고 잘라 정리한다. ⑤~⑫는 진갈색 자수실 한 가닥으로 스트레이트
    스티치하고 같은 방법으로 마무리한다.
3   스티치를 마친 모습.

◆ 귀와 뿔 달기

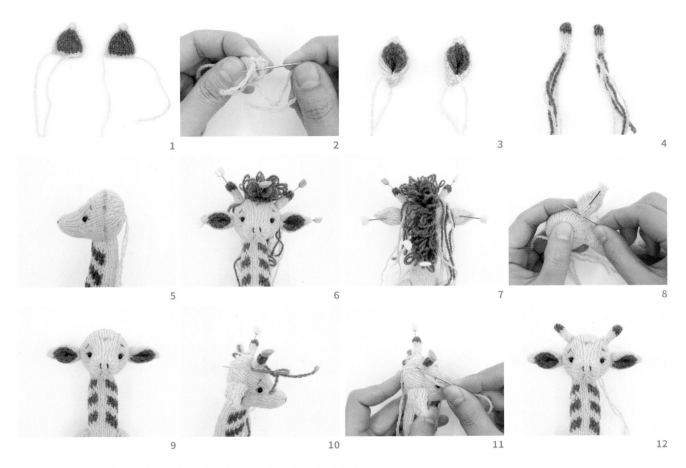

1   귀는 '토끼 조립하기 > 귀 달기'(59쪽) **1~4**번과 같이 작업한다.

2   귀를 반으로 접어 한쪽 꼬리실로 사진과 같이 아랫부분을 감침질한다.

3   감침질을 마친 모습.

4   뿔의 위쪽 꼬리실은 돗바늘에 꿰어 뿔을 관통해 아래로 보낸다.

5   수성펜으로 머리 10단을 따라 선을 긋는다.

6   표시한 선을 따라 양쪽 귀와 뿔을 시침핀으로 고정하고 각각 아랫단을 빙 둘러 바느질 선을 그린다.
     머리와 몸통 차트도안의 '갈기털 위치'에 맞춰 갈기털 양끝을 시침핀으로 고정하고 털 가장자리를 따라
     수성펜으로 바느질 선을 그린다.

7   갈기털 뒤쪽을 시침핀으로 고정한 모습.

8   갈기털과 뿔은 떼어놓고, 귀의 가장 아랫단 코와 바느질 선을 '메리야스 잇기'로 꿰맨다(인형을 돌려가며
     작업하면 수월하다). 이때 꿰맨 실이 보이지 않도록 바짝 당기면서 바느질한다.

9   같은 방법으로 반대쪽 귀도 단다.

10   시침핀으로 뿔을 다시 고정하고, 뿔의 진베이지색 꼬리실을 돗바늘에 꿰어 머리를 통과해
     창구멍으로 보내 매듭짓고 잘라 정리한다.

11   뿔의 밀짚노란색 꼬리실로 뿔의 가장 아랫단과 바느질 선을 '메리야스 잇기'로 꿰맨다.
     남은 실은 창구멍으로 보내 매듭짓고 잘라 정리한다.

12   귀와 뿔을 단 모습.

◆ 머리 창구멍 닫기 ~ 갈기털 달기

1 2 3 4

1 인형 만들기의 기초 '5. 머리 창구멍 닫기'(197~198쪽)를 하고 갈기털을 다시 제 위치에 시침핀으로 고정한다.

2 갈기털의 코 만든 부분 꼬리실을 돗바늘에 꿰어 '메리야스 잇기'로 머리와 목에 고정한다.

3 갈기털의 코막음하고 남은 꼬리실로는 갈기털 앞쪽 털을 보강한다. 실을 고리 모양으로 만들어 펠트용 1구 바늘로 머리에 찌르면 그 모양대로 고리 모양이 고정된다. 이 과정을 반복하여 앞머리를 풍성하게 표현하고, 남은 꼬리실을 정리한다.

4 루프뜨기를 한 코마다 펠트용 1구 바늘로 찔러서 갈기털을 풍성하고 단정하게 정리한다(58~59쪽 '토끼 조립하기 > 꼬리 달기' 참조).

◆ 꼬리 달기

1 2 3 4

1 몸통 뒷면 아래쪽 중심에 꼬리의 코 만든 부분을 시침핀으로 고정한다.

2 코 만든 단의 꼬리실에 돗바늘을 꿰어 몸통과 꼬리를 '코와 코 잇기'로 연결한다.
    남은 실은 몸통을 통과시켜 매듭짓고 잘라서 몸 안쪽으로 감춘다.

3 루프마다 가위를 넣어 자른다.

4 꼬리털은 자연스럽게 뭉치도록 손으로 비빈다.

◆ 얼굴 생동감 표현

1 인형 만들기의 기초 '6. 수성펜 지우기'를 진행하고, '8. 얼굴 생동감 표현'(199쪽)을 참조하여 K16번 패브릭잉크로 눈썹 라인, 눈 테두리를 칠하고 코와 입 주변은 원형으로 넓게 펴바른다. 또한 이마에도 면봉을 이용해 두 군데 정도 동그랗게 살살 발라 무늬를 표현한다. 양볼에는 133번 패브릭잉크를 살살 바른다.

1

～～～	1.5mm 막대바늘과 진청록색 실(바탕색 표시 X)을 써서 '일반코잡기'로 114코를 만든다.
1단	(안쪽 면) 겉뜨기
2단	겉 1, (겉 2, 안 4, 겉 2)×14, 겉 1
3단	안 1, (안 2, 겉 4, 안 2)×14, 안 1
4단	아이보리색 실을 연결하여 겉 1, (겉 2, 안 4, 겉 2)×14, 겉 1
5단	안 1, (안 2, 겉 4, 안 2)×14, 안 1
6~9단	2~3단 2회 반복
10단	겉 1, (겉 1, 오른코 줄이기 1, 안 2, 2코 모아뜨기 1, 겉 1)×14, 겉 1 (총 86코)
11단	안 1, (안 2, 겉 2, 안 2)×14, 안 1
12단	겉 1, (겉 2, 안 2, 겉 2)×14, 겉 1
13~18단	11~12단 3회 반복
19단	안 1, (안 2, 겉 2, 안 2)×14, 안 1
20단	겉 1, (겉 1, 오른코 줄이기 1, 2코 모아뜨기 1, 겉 1)×14, 겉 1 (총 58코)
21단	안뜨기
22단	겉 29, 끌어올려 겉뜨기로 늘리기 1, 겉 29 (총 59코)
23~25단	안뜨기로 시작하는 메리야스뜨기 3단
26단	겉 28, 감아코 3. 나머지 31코는 다른 바늘에 걸어 '쉼코 1'로 두고 31코만으로 뜬다.
27단	겉 3, 안 28

오른쪽 뒤판	
28단	겉 13, 나머지 18코는 다른 바늘에 걸어 '쉼코 2'로 두고 13코만으로 뜬다.
29단	안뜨기에서 걸러뜨기 1, 안 12
30단	겉 10, 2코 모아뜨기 1, 겉 1 (총 12코)
31단	안뜨기에서 걸러뜨기 1, 안 11
32단	겉 9, 2코 모아뜨기 1, 겉 1 (총 11코)
33단	안뜨기에서 걸러뜨기 1, 안 10
34단	겉뜨기
35~38단	33~34단 2회 반복
39단	안뜨기에서 걸러뜨기 1, 안 10
40단	겉뜨기로 코막음 5, 겉 6 (총 6코)
41단	안뜨기에서 걸러뜨기 1, 안 5
42단	첫코(a)를 뜨지 않고 오른쪽 바늘로 옮기고, 다음 코(b)를 겉뜨기한 뒤 a코로 b코를 덮어씌워 코막음 1, 겉뜨기로 코막음 1, 겉 4. 이렇게 첫코를 뜨지 않고 옮겨서 코막음해야 뜨개 가장자리가 매끈해진다. (총 4코)
43단	안뜨기에서 걸러뜨기 1, 안 3 4코를 다른 바늘에 옮겨서 어깨 쉼코(오른쪽 뒤 어깨)로 둔다.

오른쪽 앞판

쉼코 2(18코)의 첫코에 진청록색 실을 건다.

28단	겉뜨기로 코막음 4, 겉 14 (총 14코)
29단	겉 3, 안 11
30단	겉뜨기에서 걸러뜨기 1, 오른코 줄이기 1, 겉 11 (총 13코)
31단	겉 3, 안 10
32단	겉뜨기에서 걸러뜨기 1, 오른코 줄이기 1, 겉 10 (총 12코)
33단	겉 3, 안 9
34단	겉뜨기에서 걸러뜨기 1, 겉 11
35단	겉 3, 안 9
36단	겉뜨기에서 걸러뜨기 1, 겉 6, 겉뜨기로 코막음 5 (총 7코)
37단	새 실을 걸어서 첫코(a)를 뜨지 않고 오른쪽 바늘로 옮기고, 다음 코(b)를 안뜨기한 뒤 a코로 b코를 덮어씌워 코막음 1, 안뜨기로 코막음 1, 안 5 (총 5코)
38단	겉뜨기에서 걸러뜨기 1, 겉 4
39단	안뜨기에서 걸러뜨기 1, 안뜨기로 2코 모아뜨기 1, 안 2 (총 4코)
40단	겉뜨기에서 걸러뜨기 1, 겉 3
41단	안뜨기에서 걸러뜨기 1, 안 3
42~43단	40~41단과 동일

4코를 다른 바늘에 옮겨서 어깨 쉼코(오른쪽 앞 어깨)로 둔다.

왼쪽 앞 어깨

쉼코 1(31코)의 첫코에 진청록색 실을 건다.

26단	겉 1, 바늘비우기 1, 2코 모아뜨기 1, 겉 28
27단	안 28, 겉 3
28단	겉 14, 나머지 17코는 다른 바늘에 걸어 '쉼코 3'으로 두고 14코만으로 뜬다.
29단	안뜨기에서 걸러뜨기 1, 안 10, 겉 3
30단	겉 1, 바늘비우기 1, 2코 모아뜨기 1, 겉 8, 2코 모아뜨기 1, 겉 1 (총 13코)
31단	안뜨기에서 걸러뜨기 1, 안 9, 겉 3
32단	겉 10, 2코 모아뜨기 1, 겉 1 (총 12코)
33단	안뜨기에서 걸러뜨기 1, 안 8, 겉 3
34단	겉 1, 바늘비우기 1, 2코 모아뜨기 1, 겉 9
35단	안뜨기에서 걸러뜨기 1, 안 8, 겉 3
36단	겉뜨기로 코막음 5, 겉 7 (총 7코)
37단	안뜨기에서 걸러뜨기 1, 안 6
38단	첫코(a)를 뜨지 않고 오른쪽 바늘로 옮기고, 다음 코(b)를 겉뜨기한 뒤 a코로 b코를 덮어씌워 코막음 1, 겉뜨기로 코막음 1, 겉 5 (총 5코)
39단	안뜨기에서 걸러뜨기 1, 안 4
40단	겉뜨기에서 걸러뜨기 1, 오른코 줄이기 1, 겉 2 (총 4코)
41단	안뜨기에서 걸러뜨기 1, 안 3
42단	겉뜨기에서 걸러뜨기 1, 겉 3
43단	안뜨기에서 걸러뜨기 1, 안 3

4코를 다른 바늘에 옮겨서 어깨 쉼코 (왼쪽 앞 어깨)로 둔다.

쉼코 3(17코)의 첫코에 진청록색 실을 건다.

28단	겉뜨기로 코막음 4, 겉 13 (총 13코)
29단	안뜨기
30단	겉뜨기에서 걸러뜨기 1, 오른코 줄이기 1, 겉 10 (총 12코)
31단	안뜨기
32단	겉뜨기에서 걸러뜨기 1, 오른코 줄이기 1, 겉 9 (총 11코)
33단	안뜨기
34단	겉뜨기에서 걸러뜨기 1, 겉 10
35~40단	33~34단을 3회 반복
41단	안뜨기로 코막음 5, 안 6 (총 6코)
42단	겉뜨기에서 걸러뜨기 1, 겉 5
43단	첫코(a)를 뜨지 않고 오른쪽 바늘로 옮기고, 다음 코(b)를 안뜨기한 뒤

☐ = │	겉뜨기
─	안뜨기
⋏	2코 모아뜨기
⋋	오른코 줄이기
○	바늘비우기
V	걸러뜨기
ℓ	끌어올려 겉뜨기로 늘리기
⅃	감아코 만들기
•	겉뜨기로 코막음
◁	새 실 걸기
▨	없는 코
▨	진청록색
☐	아이보리색

원피스

a코로 b코를 덮어씌워 코막음 1, 안뜨기로 코막음 1, 안 4 (총 4코)
4코를 다른 바늘에 옮겨서 어깨 쉼코(왼쪽 뒤 어깨)로 둔다.

어깨
쉼코
연결

1 오른쪽 앞 어깨와 오른쪽 뒤 어깨의 겉면을 마주 대고 걸뜨기로 뜨면서 '덮어씌워 잇기'를 한다.
2 왼쪽 앞 어깨와 왼쪽 뒤 어깨의 겉면을 마주 대고 걸뜨기로 뜨면서 '덮어씌워 잇기'를 한다.

마무리

1 스팀다리미로 저온에서 다림질한다.
2 남은 실들은 돗바늘에 꿰어 안쪽에서 올 사이로 숨기고 잘라 정리한다.
3 26단 감아코 3코(단추여밈단) 부분은 맞닿는 3코와 편물 안쪽에서 감침질한다.
4 원피스 뒷부분은 '메리야스 잇기'로 연결한다.
5 단춧구멍 위치에 맞춰 단추 3개를 단다.

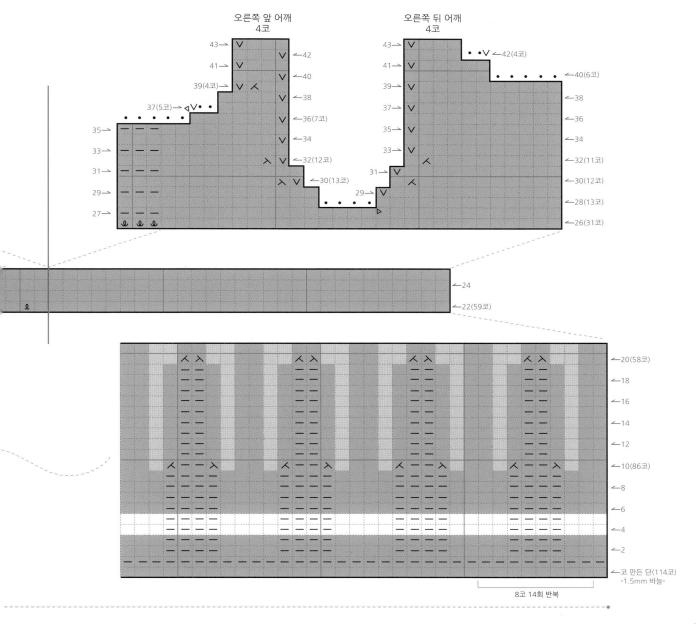

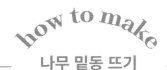

나무 밑동 뜨기

〰〰〰	2.75mm 막대바늘과 진밤색 합사실(바탕색 표시 X)을 써서 '원형코잡기'로 8코를 만든다(윗부분부터
1단	앞뒤로 늘리며 겉뜨기 8 (총 16코)
2단	겉뜨기. 이후 10단까지 짝수 단 동일
3단	(겉 1, 앞뒤로 늘리며 겉뜨기 1)×8 (총 24코)
5단	(겉 2, 앞뒤로 늘리며 겉뜨기 1)×8 (총 32코)
7단	(겉 3, 앞뒤로 늘리며 겉뜨기 1)×8 (총 40코)
9단	(겉 4, 앞뒤로 늘리며 겉뜨기 1)×8 (총 48코)
11단	(겉 5, 앞뒤로 늘리며 겉뜨기 1)×8 (총 56코)
12단	초콜릿색 합사실을 연결하여 겉뜨기
13단	안뜨기
14~18	겉뜨기 5단
19단	겉 26, 겉 4(나뭇가지 연결 부분), 겉 26
20~26단	겉뜨기 7단
27단	(겉 3, 앞뒤로 늘리며 겉뜨기 1)×14 (총 70코)

tip. 겉뜨기 단(여기서는 20~26단)을 늘리면
밑동의 높이를 조절할 수 있다.

되돌아뜨기 단

	이어서 평면으로 뜬다('되돌아뜨기' 방법은 116~117쪽 '다람쥐 뜨기 > 팔 > 팔꿈치 되돌아뜨기 단' 참조
28단	겉 13, ①실을 앞으로 보내고, 다음 코를 뜨지 않고 오른쪽 바늘로 옮긴다. 실을 뒤로 보내고 오른쪽 바늘에 있던 코를 다시 왼쪽 바늘로 옮긴다. 뜨개판을 돌린다. (안 12, ②실을 뒤로 보내고, 다음 코를 뜨지 않고 오른쪽 바늘로 옮긴다. 실을 앞으로 보내고, 오른쪽 바늘에 있던 코를 다시 왼쪽 바늘로 옮긴다. 뜨개판을 돌린다. 겉 10, ①, 안 8, ②, 겉 6, ①, 안 4, ②, 겉 3, ①, 안 2, ②, 겉 2, ①, 안 2, ②, 겉 3, ①, 안 4, ②, 겉 6, ①, 안 8, ②, 겉 10, ①, 안 12, ②, 겉 26, ①)×3, 안 12, ②, 겉 10, ①, 안 8, ②, 겉 6, ①, 안 4, ②, 겉 3, ①, 안 2, ②, 겉 2, ①, 안 2, ②, 겉 3, ①, 안 4, ②, 겉 6, ①, 안 8, ②, 겉 10, ①, 안 12, ②, 겉 13

	이어서 '원형뜨기'를 한다.
29단	안뜨기
30단	(겉 5, 2코 모아뜨기 1)×10 (총 60코)
31단	겉뜨기. 이후 39단까지 홀수 단 동일
32단	(겉 4, 2코 모아뜨기 1)×10 (총 50코)
34단	(겉 3, 2코 모아뜨기 1)×10 (총 40코)
36단	(겉 2, 2코 모아뜨기 1)×10 (총 30코)
38단	(겉 1, 2코 모아뜨기 1)×10 (총 20코)
40단	2코 모아뜨기 10 (총 10코)
	실을 15cm 이상 남기고 자른 다음 '돗바늘로 마무리'하는데, 당겨 조이지 않고 창구멍을 크게 남겨둔다.

나뭇가지

19단에서 나뭇가지 라인을 표시해둔 진밤색 합사실을 풀어내며 175쪽 '나뭇가지 코줍기' 그림을
참조해 2.75mm 바늘 2개로 아래에서 4코, 위에서 5코를 주워 각 바늘에 걸어둔다.

1단	초콜릿색 합사실을 걸어 아래 바늘에 걸 4, 위 바늘에 걸 5. 이어서 '원형뜨기'를 한다. (총 9코)
2~3단	겉뜨기 2단
4	(겉 1, 2코 모아뜨기 1)×3 (총 6코)
5~7단	겉뜨기 3단
8단	2코 모아뜨기 3 (총 3코)
	꼬리실을 15cm 이상 남기고 자른 다음 '돗바늘로 마무리'한다.

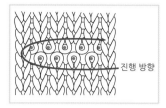

나뭇가지 코줍기

마무리

1

2

3

4

5

6

7

8

9

10

1 나무 밑동 위 지름(약 7cm)과 같은 크기로 심지(얇은 가방바닥판)를 원형으로 잘라 준비한다. 심지 크기는 완성작의 크기에 맞춰 조절한다.

2 심지를 말아서 코 마무리한 부분으로 넣어 위쪽으로 보낸다.

3 심지 부분을 손으로 잘 편다.

4 솜이 뭉쳐지지 않도록 주의하면서 겸자를 사용하여 솜을 넣는다. 나뭇가지 부분과 되돌아뜨기를 한 부분에는 솜을 조금만 넣는다.

5 나뭇가지에 남은 실은 돗바늘에 꿰어 나무 밑동 안쪽으로 통과시켜 매듭짓고 잘라 정리한다.

6 나무 밑동 바닥 꼬리실에 돗바늘을 꿰어 잡아당겨 조이고, 바늘을 나무 밑동 안쪽으로 통과시켜 실을 매듭짓고 잘라 정리한다.

7 나무 밑동 윗부분은 '감침질하고 돗바늘로 마무리'하고, 바늘을 나무 밑동 안쪽으로 통과시켜 실을 매듭짓고 잘라 정리한다.

8 솜이 부족한 부분이 있으면 겸자로 코 사이를 벌린다.

9 겸자를 사용해 솜을 조금씩 채운다.

10 벌어진 코는 송곳으로 당겨 좁힌다.

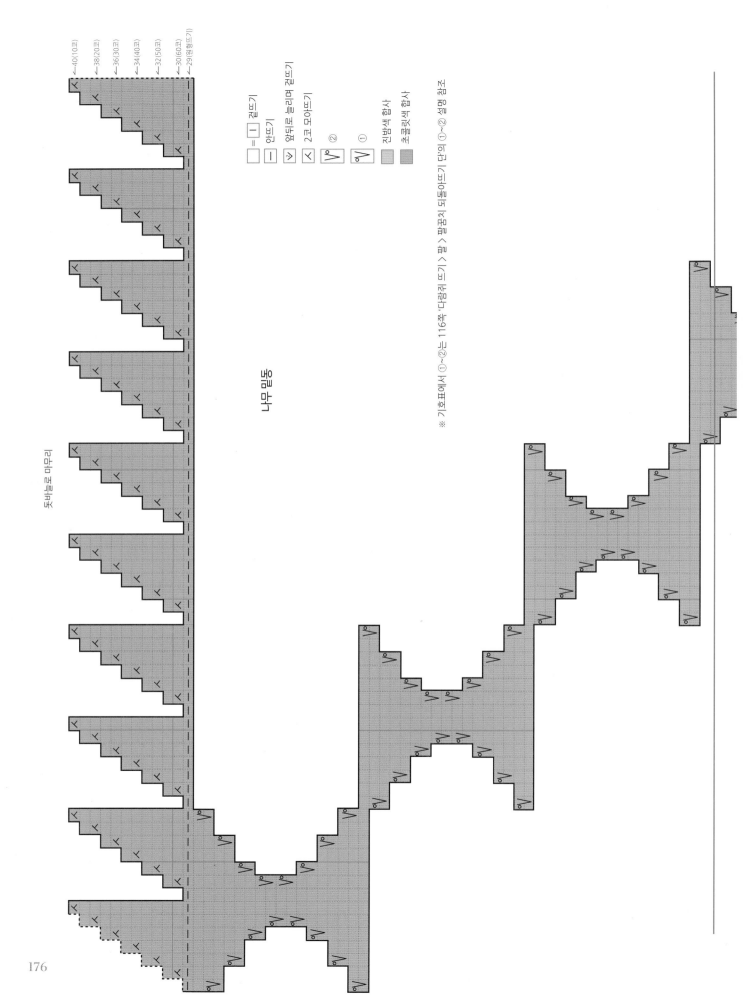

돗바늘로 마무리

나무 밑동

←40(10코)
←38(20코)
←36(30코)
←34(40코)
←32(50코)
←30(60코)
←29(일정뜨기)

= □ 겉뜨기
□ 겉뜨기
― 안뜨기
∨ 앞뒤로 늘리며 겉뜨기
人 2코 모아뜨기
∨ ②
∨° ①
진남색 합사
초콜릿색 합사

※ 기호표에서 ①~②는 116쪽 '다리귀 뜨기' > 팔 > 팔꿈치 되돌아뜨기 단의 ①~② 설명 참조

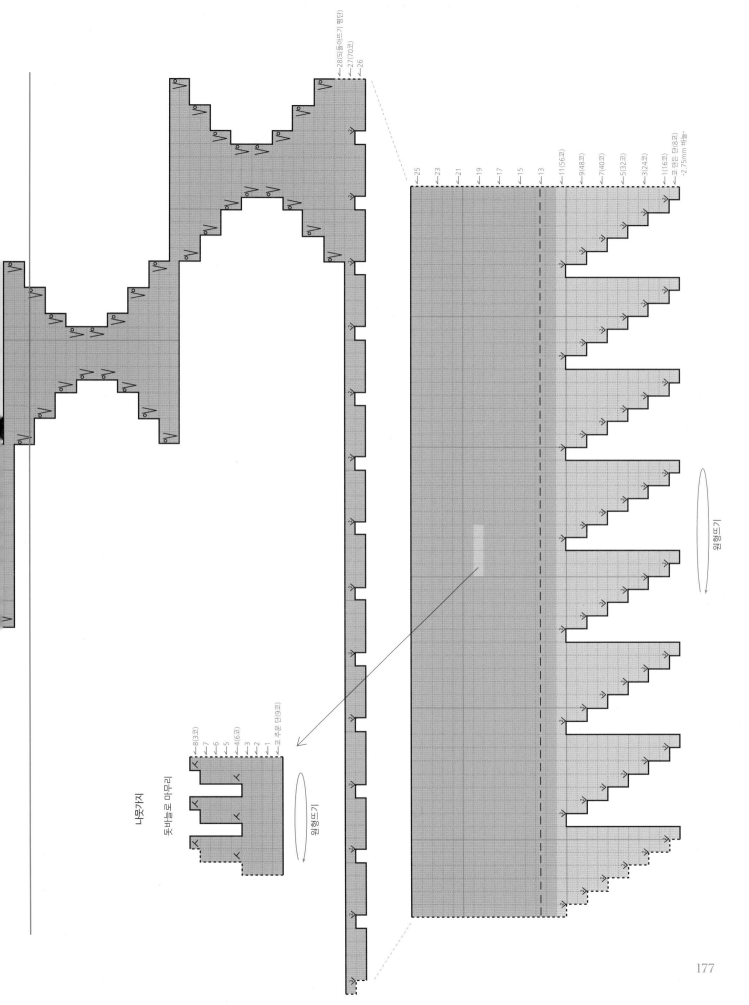

나뭇가지

돗바늘로 마무리

←8(3코)
←7
←6
←5
←4(6코)
←3
←2
←1
←코 주운 단(9코)

원형뜨기

←28(되돌아뜨기) 평단
←27(70코)
←26

←25
←23
←21
←19
←17
←15
←13
←11(56코)
←9(48코)
←7(40코)
←5(32코)
←3(24코)
←1(16코)
←코 만든 단(8코)
-2.75mm 바늘-

원형뜨기

작은 버섯

〜〜〜	2.0mm 막대바늘과 흰색 실(바탕색 표시 X)을 써서 '원형코잡기'로 6코를 만든다(버섯 아래부터).
1~2단	겉뜨기 2단
	느슨하게 '겉뜨기로 코막음'을 하고, 맨 마지막에 고리를 만들어 그 사이로
	실을 (자르지 않은 그대로) 빼낸다.
3단	뒤쪽 반코에 바늘을 넣어 6코를 줍는다(28쪽 '반코에서 코줍기' 참조).
4단	겉뜨기
5단	앞뒤로 늘리며 겉뜨기 6 (총 12코)
6단	겉뜨기
7단	(겉 1, 앞뒤로 늘리며 겉뜨기 1) ×6 (총 18코)
8단	빨간색 실을 연결하여 겉뜨기
9단	안뜨기
10단	겉뜨기
11단	겉 2, 겉 1, (겉 5, 겉 1)×2, 겉 3
12단	(겉 1, 겉 1, 겉 1, 겉 1, 겉 2)×3
13단	겉뜨기
14단	(겉 1, 2코 모아뜨기 1)×6 (총 12코)
15단	겉뜨기
16단	2코 모아뜨기 6 (총 6코)
〜〜〜	실을 15cm 이상 남기고 자른 다음 '돗바늘로 마무리'하는데 창구멍이 남을 정도로만 조인다.

중간 버섯

	2.0mm 막대바늘과 흰색 실(바탕색 표시 X)을 써서 '원형코잡기'로 6코를 만든다(버섯 아래부터).
1단	앞뒤로 늘리며 겉뜨기 6 (총 12코)
2~10단	겉뜨기 9단
11단	(겉 1, 2코 모아뜨기 1)×4 (총 8코)
12~15단	겉뜨기 4단
	느슨하게 '겉뜨기로 코막음'을 하고, 맨 마지막에 고리를 만들어 그 사이로
	실을 (자르지 않은 그대로) 빼낸다.
16단	뒤쪽 반코에 바늘을 넣어 8코를 줍는다(28쪽 '반코에서 코줍기' 참조).
17단	겉뜨기
18단	앞뒤로 늘리며 겉뜨기 8 (총 16코)
19단	겉뜨기
20단	(겉 1, 앞뒤로 늘리며 겉뜨기 1)×8 (총 24코)
21단	겉뜨기
22단	(겉 2, 앞뒤로 늘리며 겉뜨기 1)×8 (총 32코)
23단	진보라색 실을 연결하여 겉뜨기
24단	안뜨기
25~26단	겉뜨기 2단
27단	겉 2, 주황색 실을 연결하여 겉 2, 겉 4, (겉 2, 겉 2, 겉 4)×3
28~29단	(겉 1, 겉 4, 겉 3)×4
30단	(겉 2, 겉 2, 겉 2, 2코 모아뜨기 1)×4 (총 28코)
31단	겉뜨기
32단	(겉 5, 2코 모아뜨기 1)×4 (총 24코)

33단	(겉 1, 겉 1, 겉 4)×4
34단	(겉 3, 겉 1, 2코 모아뜨기 1)×4 (총 20코)
35단	(겉 1, 겉 1, 겉 3)×4
36단	(겉 3, 2코 모아뜨기 1)×4 (총 16코)
37단	겉뜨기
38단	(겉 2, 2코 모아뜨기 1)×4 (총 12코)
39단	겉뜨기
40단	(겉 1, 2코 모아뜨기 1)×4 (총 8코)

~~~~~ 실을 15cm 이상 남기고 자른 다음 '돗바늘로 마무리'하는데 창구멍이 남을 정도로만 조인다.

작은 버섯

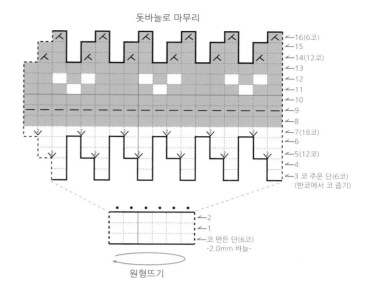

중간 버섯

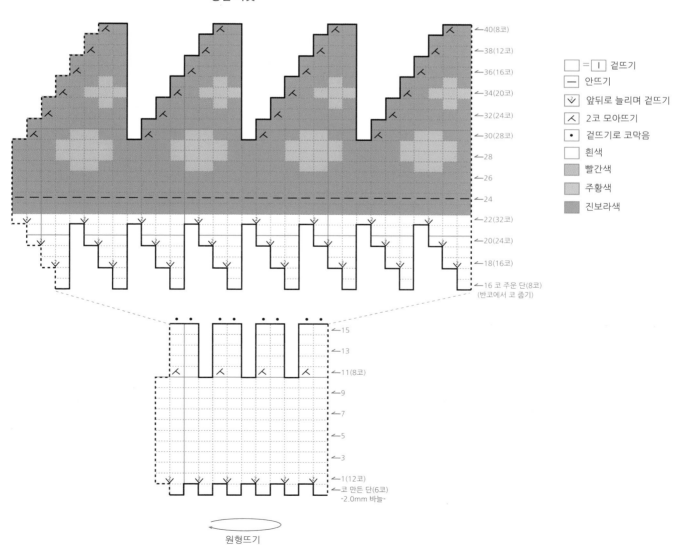

179

마무리

1. 버섯 기둥 부분에 겸자를 사용하여 솜을 넣고 중간 버섯의 갓 아래쪽에 넣을 심지(얇은 가방바닥판)를 원형(지름 약 3cm)으로 잘라 준비한다. 심지 크기는 완성작의 크기에 맞춰 조절한다. 작은 버섯에는 심지를 넣지 않는다.
2. 버섯 윗부분을 통해 갓과 기둥의 경계 부분에 심지를 넣는다.
3. 심지를 손으로 잘 편 후 겸자를 사용해 버섯 갓 부분에 솜을 채운다.
4. 버섯 윗부분의 꼬리실에 돗바늘을 꿰어 잡아당겨 조인 후 바늘을 버섯 멀리 통과시켜 매듭 짓고 실을 잘라 정리한다.
5. 코 만든 부분은 '감침질하고 돗바늘로 마무리'하고 바늘을 버섯 멀리 통과시켜 매듭 짓고 실을 잘라 정리한다.

how to make
뜨개 소품 뜨기

2.0mm 막대바늘과 연두색 실(바탕색 표시 X)을 써서 '일반코잡기'로 15코를 만든다.

단	내용
1~3단	겉뜨기 3단
4단	겉 3, 안 9, 겉 3
5단	겉 7, 핫핑크색 실을 연결하여 겉 1, 겉 7
6단	겉 3, 안 3, 안 3, 안 3, 겉 3
7단	겉 5, 겉 5, 겉 5
8단	겉 3, 안 3, (안 1, 안 1)×2, 안 2, 겉 3
9단	겉뜨기
10단	겉 3, 안 9, 겉 3
11~13단	겉뜨기 3단
14단	겉 8을 하여 이쑤시개 1개에 걸고, 나머지 7코는 다른 이쑤시개 1개에 건다.

마무리

1. 실을 200cm 이상 남기고 자른다.
2. 스팀다리미로 저온에서 다림질한 후, 길게 남긴 실을 제외하고 나머지 실들은 돗바늘에 꿰어 안쪽에서 올 사이로 숨기고 잘라 정리한다.
3. 길게 남긴 실을 동그랗게 감아 실타래를 만든다(차트도안 참조).

뜨개 소품

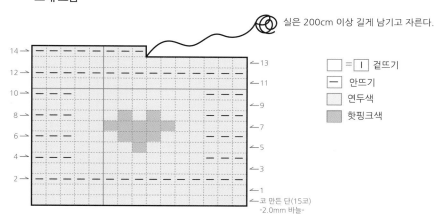

실은 200cm 이상 길게 남기고 자른다.

14

13

12

11

10

9

8

7

6

5

4

3

2

1

코 만든 단(15코)
-2.0mm 바늘-

□ = |I| 겉뜨기
|—| 안뜨기
□ 연두색
■ 핫핑크색

finishing

전체 마무리

기린에게 원피스를 입힌다.

나무 밑동에 시침핀으로 버섯들을 꽂아 장식한다.

PART 2

Basics and Techniques

기초와 기법

1. 실과 바늘의 선택

손뜨개에 사용하는 실이라면 어떤 실로든 이 책의 인형들을 뜰 수 있습니다. 30~31쪽 '응용
곰돌이'처럼 색상이나 굵기가 다른 실과 바늘로 다양한 버전의 인형을 만들어보는 것도 즐거울 거예요.

이 책에서는 동물인형이니 만큼 털을 묘사하기 좋은 모헤어실을 주로 사용했습니다.
모헤어실의 털 때문에 뜨개질이 어렵게 느껴지는 초보자라면 100% 울실을 선택하는 것도 괜찮아요.
울실로 뜬 다음 털을 빗질해 기모를 내면 복슬복슬한 동물인형을 완성할 수 있습니다.

뜨개질할 때는 보통 뜨개실의 라벨에 표시되어 있는 권장 사이즈
대바늘을 쓰지만, 인형을 뜰 때는 권장 사이즈보다 1~2mm 얇은
대바늘을 씁니다. 그렇게 하면 권장 사이즈 바늘을 쓸 때보다 더
쫀쫀하게 뜰 수 있어서 인형 몸에 솜을 넣을 때 편물 조직이 벌어지는
문제를 최소화할 수 있어요.

실을 2겹으로 사용해야 할 경우,
실타래 하나에서 안쪽의 실끝과
바깥쪽의 실끝을 한꺼번에 잡아
사용하면 편하다.

2. 게이지 내기

게이지는 가로 10cm, 세로 10cm 안에 들어가는 콧수와 단수를 말합니다.
그래서 '게이지: 50코×60단' 이런 식으로 표시해요.

이 책에는 인형마다 게이지를 안내해 놓았습니다. 예를 들어 곰돌이의 크기는 10cm이고
게이지는 메리야스뜨기 50코×60단입니다. 사방 1cm 안에 메리야스뜨기 5코×6단이 들어가게 뜨면
10cm 크기의 곰돌이를 완성할 수 있다는 뜻이에요. 필요 단위는 사방 1cm 안의 콧수와 단수이지만
게이지를 낼 때 10cm나 뜨는 이유는 1cm의 평균 값을 구하기 위함입니다.

사람마다 손의 장력이나 뜨는 습관이 달라서 같은 바늘과 실로도 그 게이지가 나오지 않을 수 있어요.
특히 초보자라면 실의 텐션을 조절하는 일이 익숙하지 않아 게이지대로 뜨기가 쉽지 않습니다.
따라서 인형을 뜨기 전에 직접 게이지를 내보고, 책에 표시된 게이지보다 내가 뜬
게이지 값이 작으면 한 호수 큰 바늘로, 내가 뜬 게이지 값이 크면 한 호수 작은 바늘로 떠서
제시된 게이지 값에 맞춰 작업하시기를 권해요.

3. '인형 만들기의 기초' 찾아보기

목과 몸통, 팔과 다리 등을 조인트로 연결하여 움직일 수 있도록 한 점은 이 책에 소개되어 있는
동물인형의 가장 큰 특징이자 매력 포인트라고 할 수 있습니다. '인형 만들기의 기초'(192~199쪽)에는
조인트 넣기 등 기본적인 조립 및 마무리 방법이 곰돌이를 모델로 하여 자세히 정리되어 있어요.

동물인형의 각 부위 편물을 뜬 다음에는 인형별 '조립하기' 지면과 '인형 만들기의 기초' 지면을 함께
보며 완성합니다. 인형별로 디테일이 조금씩 다르니, 공통된 내용은 인형 만들기의 기초를 참조하고,
다른 부분은 조립하기 지면을 참조하면 됩니다.

4. 기법 설명 찾아보기

뜨개질 과정에서 궁금한 기법이 있다면 먼저 215쪽 '기법 설명 찾아보기'에서 검색해 보세요.
'대바늘뜨기 기법'(200~214쪽)에는 동물인형 만들기에 필요한 대바늘뜨기 기초 기법들이 소개되어
있는데, 각 인형별 만들기 지면이나 인형 만들기의 기초 지면에 별도로 소개해 놓은 기법들도 있어요.
'기법 설명 찾아보기'에서 검색하면 원하는 기법 설명이나 동영상 QR이 몇 쪽에 들어 있는지
쉽게 확인할 수 있습니다.

5. 서술도안 보는 법

1) 서술도안의 기법은 약칭 없이 일반적으로 쓰이는 명칭을 그대로 적었으나, 자주 반복되는 기법인
   겉뜨기와 안뜨기만 '겉', '안'으로도 표시했습니다. 헷갈리는 부분이 있다면 '대바늘뜨기 기법' 설명을
   함께 확인해 보세요. '대바늘뜨기 기법' 설명에는 영문 약어도 참고로 적어 놓았습니다.

2) 메리야스뜨기의 경우 별도의 지시문이 있지 않은 한, 전 단이 안뜨기였다면 겉뜨기로, 겉뜨기였다면
   안뜨기로 시작하면 됩니다.

3) 두 가지 이상의 색실을 사용해 뜨는 경우, 한 색 이상의 서술도안 밑에 바탕색을 깔아 구분하기
   쉽도록 했습니다. 또한 유색실이라고 모두 바탕색을 넣은 것은 아닙니다. 예를 들어 파란색, 노란색,
   아이보리색 실을 사용한다고 할 때, '파란색 실(바탕색 표시 X)'라고 되어 있으면 파란색 실로 뜨는
   과정의 서술도안에는 글자 밑에 바탕색을 깔지 않았다는 뜻입니다.

4) 괄호 곱하기 숫자로 표시된 경우, 괄호 안의 뜨기 기법을 숫자만큼 반복해 뜨세요. 예를 들어
   '(2코 모아뜨기 1, 겉 1)×7'은 2코 모아뜨기 한 번, 겉뜨기 한 번을 일곱 번 반복하라는 뜻입니다.

5) 한 단 끝부분에 '총 12코'라고 적혀 있다면, 그 단을 떴을 때 바늘에 걸려 있는 콧수가 12코라는
   뜻입니다. 총 콧수는 콧수의 변동이 있을 때마다 표기해 놓았습니다.

6) 코막음한 후 콧수 확인하는 방법은 다음과 같습니다. 예를 들어 '겉뜨기로 코막음 4코, 겉 16 (총
   16코)'라고 할 때, 겉뜨기로 코막음을 4코 하고 나면 오른쪽 바늘에 1코가 걸려 있고 왼쪽 바늘에 15코가
   걸려 있게 됩니다. 이때 오른쪽 바늘의 1코는 '뜬 콧수'에 포함됩니다. 그래서 이 1코와 왼쪽 바늘의
   15코를 합해 총 콧수가 16코가 되는 것입니다.

7) '마커 또는 별색 실로 표시'하는 방법은 첫코나 끝코에 표시, 반코에 표시, 코 사이에 표시 이렇게
   세 가지가 있습니다. 아래 그림을 참조해 마커 또는 별색 실로 표시해두세요.

마커 거는 방법

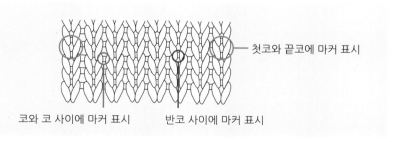

첫코와 끝코에 마커 표시

코와 코 사이에 마커 표시   반코 사이에 마커 표시

6. 평면뜨기 차트도안 보는 법

평면뜨기 차트도안의 예

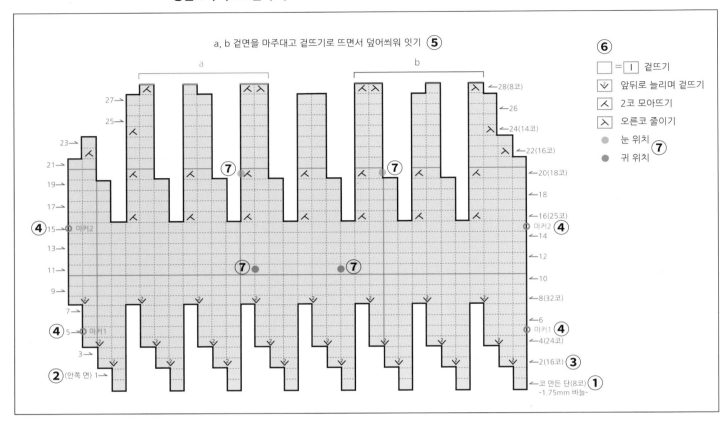

차트도안은 편물을 떴을 때 겉면에서 보이는 무늬를 기호로 표시한 것입니다.

평면뜨기는 겉면에서 한 단, 뒷면(안쪽 면)에서 한 단 이렇게 번갈아가며 뜨는 방식입니다.

그러므로 겉면에서 뜰 때는 차트도안의 기호대로 뜨고, 뒷면에서 뜰 때는 기호의 반대로(겉뜨기는 안뜨기로, 안뜨기는 겉뜨기로) 떠야 합니다. 도안 중에는 뒷면을 먼저 뜨는 것도 있으므로 단수 숫자 옆의 화살표 방향을 잘 보고 뜨시길 바랍니다.

① 코 만들기 단은 세지 않고 그 다음부터 1단, 2단 순서로 단수를 세어 나갑니다.
  괄호 안의 8코는 처음 시작하는 코의 개수를 뜻합니다.
② 숫자 1은 1단, 화살표는 기호 읽는 방향을 뜻합니다. 왼쪽의 화살표 방향 단은 보이는 기호의
  반대로 뜹니다. 뒷면(안쪽 면)에서 뜨기 때문에 차트도안상 겉뜨기는 안뜨기로,
  안뜨기는 겉뜨기로 뜨면 됩니다.
③ 숫자 2는 2단을 표시하고, 화살표는 기호를 읽는 방향입니다. 괄호 안의 16코는 총 콧수입니다.
④ 마커 또는 별색 실을 걸어 표시해두라는 뜻입니다.
⑤ 바늘 2개에 4코씩 나눠 걸고 겉면끼리 마주 댄 다음 겉뜨기로 뜨면서 '덮어씌워 잇기'를 하라는
  뜻입니다.
⑥ 사용한 뜨개 기법과 기호표.
⑦ 이렇게 눈이나 귀 등의 위치 표시가 나오면 마커 또는 별색 실을 걸어두세요.

7. 원형뜨기 차트도안 보는 법

원형뜨기 차트도안의 예

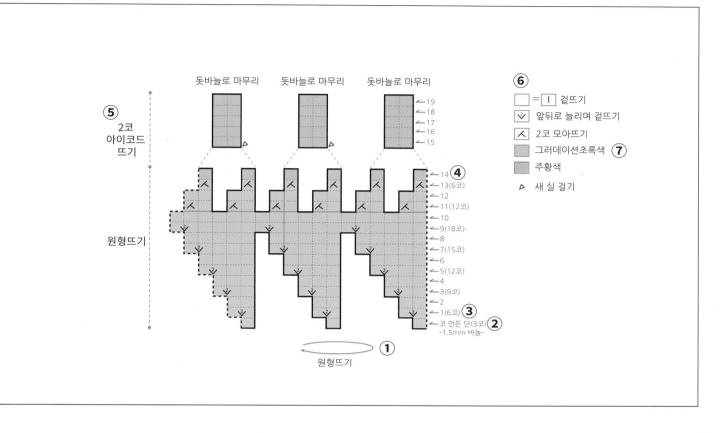

원형뜨기는 3개의 바늘에 편물을 걸고 원형으로, 즉 한 방향으로 뜨기 때문에
차트도안의 기호와 동일하게 뜨면 됩니다.

① '원형뜨기'로 뜬다는 뜻입니다(오른쪽에서 왼쪽으로 뜹니다).
② 도안 맨밑은 코 만들기 단입니다. 코 만들기 단은 단으로 치지 않고 그 다음부터
   1단, 2단 순서로 세어 나갑니다. 괄호 안의 3코는 처음 시작하는 코의 개수입니다.
③ 괄호 안의 6코는 총 콧수입니다. 1단을 도안대로 뜨고 나면 바늘에 6코가 생깁니다.
④ 주황색 실에서 그러데이션초록색 실로 바꿔 뜨는 단입니다.
⑤ 2코 아이코드뜨기를 하는 단입니다.
⑥ 사용한 뜨개 기법과 기호표.
⑦ 사용한 실 색상으로, 2색 이상의 실을 사용했을 때만 구분을 위해 표시합니다.

8. 인형 관리법

모헤어실로 뜨고 몸 안에는 조인트도 들어있기 때문에 세탁기에 돌리거나 물에 담가 세탁하면 안 됩니다. 오염된 부분이 생겼을 경우 다음과 같은 방법으로 부분 세탁을 하세요.

1) 미지근한 물에 헤어샴푸나 바디샴푸 등을 조금 풀어 거품을 냅니다.
2) 타월에 거품을 살짝 찍어 더러워진 부분에 묻히고 가볍게 닦아냅니다.
3) 물기가 남지 않도록 마른 타월로 다시 눌러 닦은 다음 그늘에서 말립니다.

9. 실과 바늘, 도구 및 부자재 구입처

이 책에 사용한 실과 바늘, 도구, 부자재를 구입한 온라인숍 안내입니다.

리네아 smartstore.naver.com/studiolinea

김말임손뜨개 www.myknit.com

쎄비 smartstore.naver.com/sevy

니트빌리지 www.knitvillage.com

엔조이스케치 www.enjoysketch.co.kr

앵콜스 ancalls.com

조이십자수 www.joyjasu.co.kr

로나커티지 smartstore.naver.com/rona-cottage

스튜디오분트 smartstore.naver.com/studiobunt

로지퀼트 www.rosyquilt.co.kr

이 책의 내용에 대해 추후 업데이트가 필요한 경우,
저자 블로그(blog.naver.com/kiti0126)를 통해 공지 예정입니다.
큐알로도 확인할 수 있습니다.

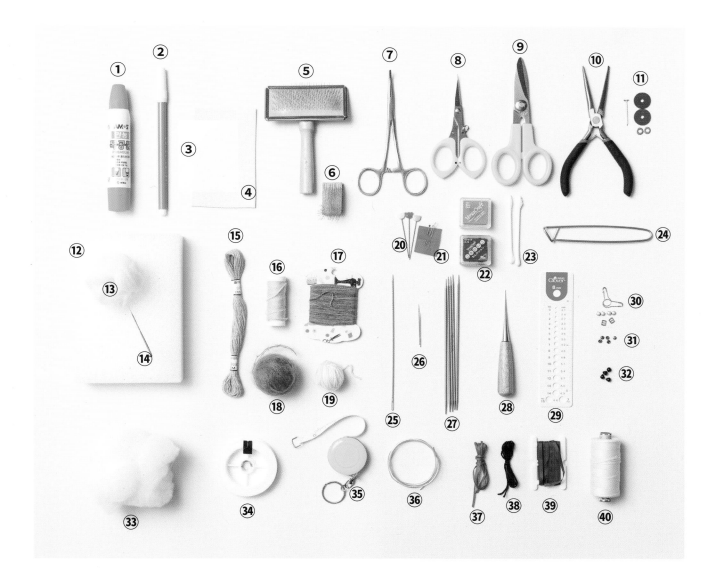

① **목공풀:** 뜨개 편물을 붙여 고정할 때 사용합니다.

② **수성펜:** 편물에 바느질 선이나 특정 위치 등을 표시할 때 사용합니다. 작업이 끝난 뒤 물을 뿌리고
　티슈로 눌러 닦으면 쉽게 지워집니다.

③ **투명클리어파일:** 모자의 각을 잡을 때 사용합니다.

④ **가방바닥판:** 편물 안에 넣어 작품의 모양을 잡을 때 사용합니다. 이 책에서는 두께 1.0mm짜리
　얇은 가방바닥판을 썼습니다.

⑤ **애완용 브러시:** 브러시 끝이 뾰족한 애완용 브러시로도 기모브러시 효과를 낼 수 있습니다.

⑥ **모헤어브러시:** 금속 소재로 된 브러시의 끝으로 편물을 빗으면 기모가 일어 동물인형의 털을 자연스럽게 표현할 수 있습니다.

⑦ **겸자:** 인형에 솜을 넣을 때 사용합니다.

⑧ **가위:** 실을 자를 때 사용합니다. 끝이 뾰족한 것이 편리합니다.

⑨ **막가위:** 와이어를 자르거나 가방바닥판을 자를 때 사용합니다.

⑩ **롱노즈:** 조인트의 핀 끝을 구부릴 때 사용합니다.

⑪ **조인트:** 디스크 2개, 와셔 2개, 핀 1개가 한 세트로 구성되어 있습니다. 인형의 목, 팔, 다리에 넣으면 움직이는 관절 역할을 합니다.

⑫ **스펀지:** 5cm 정도 두께의 스펀지로, 바늘로 양모를 찌를 때 받침대로 씁니다.

⑬ **양모:** 인형의 눈 라인을 표시하거나 이빨을 제작할 때 씁니다. 솜 대신 사용하기도 합니다.

⑭ **펠트용 1구 바늘:** 펠트용 1구 바늘로 양모를 콕콕 찌르면 찌른 부분의 부피가 줄고 뭉쳐집니다. 이 같은 효과를 이용해 루프뜨기한 털을 정리하거나 얼굴에 굴곡을 줄 때, 인형 이빨을 만들 때 씁니다. 실수로 손을 찌르지 않도록 주의해서 작업하세요.

⑮ **리넨실:** 가방이나 모자 뜨기에 사용하는 자수실입니다.

⑯ **2합사 실:** 2가닥을 합사한 실(2ply 실)로, 인형옷 종류를 뜰 때 주로 사용합니다.

⑰ **그러데이션 실:** 그러데이션 색상의 실로, 옷이나 가방 등에 포인트를 줄 때 사용합니다.

⑱ **모헤어실:** 동물인형의 털 느낌을 표현하기 좋은 실로, 이 책에서 가장 많이 사용한 실입니다.

⑲ **이로이로 실:** 100% 울실로 눈 라인을 표현하는 데 사용합니다.

⑳ **시침핀:** 인형의 머리와 귀, 꼬리 등을 고정할 때 사용합니다.

㉑ **바느질 바늘:** 옷에 단추 또는 소품을 달 때 사용합니다.

㉒ **패브릭 잉크:** 인형의 얼굴에 생동감을 표현하거나 무늬를 넣을 때 사용합니다.

㉓ **면봉:** 패브릭 잉크의 붓으로 사용합니다. 눈 주변은 끝이 뾰족한 면봉을 씁니다.

㉔ **안전핀(어깨핀):** 쉼코를 둘 때 바늘 대신 사용하면 편리합니다.

㉕ **긴 돗바늘:** 실로 인형의 머리나 몸통을 통과해야 할 때 바늘 길이가 짧으면 작업하기 불편하므로 긴 돗바늘을 사용합니다.

㉖ **돗바늘:** 편물을 잇거나 실을 정리할 때 사용합니다. 털실 굵기에 따라 돗바늘 굵기도 다르게 씁니다.

㉗ **막대바늘(장갑바늘):** 대바늘뜨개에 사용하는 바늘은 크게 줄바늘과 막대바늘로 나눌 수 있습니다. 막대바늘을 장갑바늘이라고도 합니다. 이 책에서는 1.2, 1.5, 1.75, 2.0, 2.75mm 막대바늘을 사용합니다.

㉘ **송곳:** 인형 안의 솜을 정리하여 모양을 잡거나 구멍을 낼 때 씁니다.

㉙ **게이지자:** 가로×세로 10cm 크기의 편물 위에 올려 콧수와 단수를 셀 수 있습니다.

㉚ **마커(표시링):** 단이나 코의 위치를 표시하거나 코를 나눠 표시해둘 때 사용합니다. 마커가 없으면 다른 색 실을 코에 묶어 표시해도 됩니다.

㉛ **단추 및 부자재:** 인형 옷에 단추를 달거나 장식할 때 사용합니다.

㉜ **인형 눈:** 이 책에서는 플라스틱 단추 눈(4mm)을 사용했는데, 인형의 크기에 따라 눈 크기도 다르게 사용합니다.

㉝ **솜:** 인형의 속을 채울 때 씁니다. 이 책에서는 인형 마무리 단계에서 펠트 바늘로 모양을 잡기 좋도록 모헤어 솜을 사용했지만 일반적으로 많이 쓰는 구름솜을 사용해도 괜찮습니다.

㉞ **투명실:** 일반실보다 얇고 투명해 단추나 소품을 감쪽같이 달 수 있습니다. 이 책에서는 두께 0.12mm 실을 사용했습니다.

㉟ **줄자:** 작품의 크기를 측정할 때 사용합니다.

㊱ **공예용 와이어:** 인형의 꼬리 등에 공예용 와이어를 넣으면 인형의 움직임을 더 자유롭게 할 수 있습니다. 이 책에서는 1.0mm, 1.5mm의 와이어를 사용했습니다.

㊲ **2.0mm 리본:** 모자 테두리 장식과 펭귄 귀마개 끈으로 사용합니다.

㊳ **자수실:** 인형의 눈코입과 손끝, 발끝 등에 스티치할 때 사용합니다.

㊴ **3.5mm 리본:** 모자 테두리 장식에 사용합니다.

㊵ **마감실:** 마감실은 100% 폴리사로 빳빳하고 단단해 편물을 빈틈없이 연결할 때 사용하기 좋습니다.

인형 만들기의 기초

이 책에 소개한 동물 인형들은 목, 팔, 다리 부분에 조인트를 넣어 움직일 수 있도록 한 것이 큰 특징입니다.

'인형 만들기의 기초'에서는 뜨개로 떠 놓은 인형의 각 부분(머리, 몸통, 팔, 다리 등)을 정리하고,

조인트를 넣은 뒤 연결하고, 솜을 채우고, 디테일을 더해 완성하는 과정까지 알아봅니다. 이 과정은 모든 인형에

거의 동일하게 적용되며, 인형별로 일부 다른 부분은 각 인형의 '만들기> 조립하기'에 설명해 놓았습니다.

여기서는 대부분 '곰돌이'를 모델로 설명하는데, 사진으로 이해하기 쉽도록 굵기와 색상이 다른 실을 사용했습니다.

실제 인형 만들기에 사용하는 실 정보는 인형별 만들기 지면의 '인포메이션'에서 확인할 수 있습니다.

1. 부위별 마무리

머리

수성펜으로 표시한 마커2 (조인트) 위치

1   1   2   3   4

1   두 가지 이상의 실을 배색해 떴을 경우, 코 만든 부분의 꼬리실과 코막음한 부분의 꼬리실을 제외한
나머지 실들은 돗바늘에 꿰어 편물 안쪽 연결 라인을 따라 몇 땀 뜬 다음 매듭을 짓고 잘라 정리한다.

2   실 정리를 마친 모습.

3   코막음한 꼬리실을 돗바늘에 꿰어 '마커2' 위치까지 '메리야스 잇기'로 솔기를 잇고,
수성펜으로 '마커2' 위치를 표시한다. 이곳이 조인트 위치다.

4   계속해서 '마커1' 위치까지 '메리야스 잇기'를 해 솔기를 잇고, 실을 적당히 당기고 편물을 잘 펴서 마무리한다.
남은 실과 창구멍은 정리하지 않고 남겨둔다.

감침질하고 돗바늘로 마무리

코 만든 단

코 만든 단의 꼬리실을 돗바늘에 꿴다.

코마다 감침질한다.

감침질한 바늘땀마다 돗바늘을 꿰어 두 바퀴 통과시킨다.

바늘을 빼내 실을 잡아당겨 조인다.

몸통

마커3 위치

마커4 위치

1 배색 무늬가 있는 몸통의 경우, 머리 **1~2**번과 같은 방법으로 실을 정리한다.
2 코 만든 단을 '감침질하고 돗바늘로 마무리'(192쪽 하단 설명 참조)한다.
3 이어서 '마커3' 위치까지 '메리야스 잇기'로 솔기를 잇고, 남은 실은 정리하지 않고 그대로 둔다.
4 몸통 윗부분 '돗바늘로 마무리'하고 남은 실에 다시 돗바늘을 꿰어 '마커4' 위치까지 '메리야스 잇기'로 솔기를 잇고,
   남은 실은 정리하지 않고 그대로 둔다.

팔과 다리

마커6 위치

마커6 위치

마커5 위치

마커7

마커8 위치

1 팔은 코막음한 부분의 꼬리실을 돗바늘에 꿰어 '마커6' 위치까지 '메리야스 잇기'로 솔기를 잇고,
   남은 실은 정리하지 않고 그대로 둔다.
2 코 만든 단의 꼬리실을 돗바늘에 꿰고 단을 반으로 접어 3코씩 마주 대고 감침질한다.
3 이어서 '마커5' 위치까지 '메리야스 잇기'로 솔기를 잇고, 남은 실은 정리하지 않고 그대로 둔다.
4 다리는 코막음한 부분의 꼬리실을 돗바늘에 꿰어 '마커8' 위치까지 '메리야스 잇기'로 솔기를 잇고,
   남은 실은 정리하지 않고 그대로 둔다.

2. 조인트 넣기

조인트로 머리와 몸통 연결

지름 18mm

하드보드 디스크

핀   와셔

1 몸통 윗부분 메리야스뜨기 단으로 생긴 원의 지름을 잰다.
   모델(곰돌이)의 지름은 약 18mm다.
2 같은 크기의 조인트(18mm)를 준비한다. 하드보드 디스크 2개,
   와셔 2개, 핀 1개가 한 세트다.

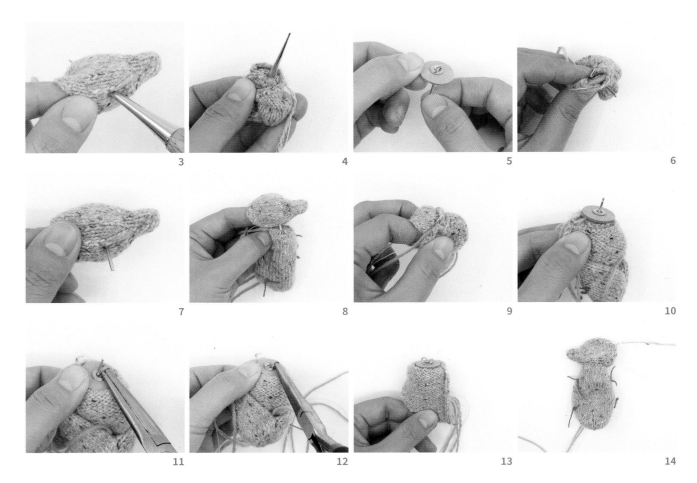

3 머리에 마커 또는 별색 실로 표시해둔 조인트 자리에 송곳을 넣는다. 이때 송곳이 솔기 사이(차트도안에서 마커 2와 마커 2 사이)를 통과하도록 주의한다.

4 편물을 뒤집어 머리 안쪽 송곳 끝이 나온 지점을 수성펜으로 표시한다.

5 디스크와 와셔를 겹치고 핀을 꽂는다.

6 5의 핀을 수성펜으로 표시한 곳에 머리 안쪽에서 바깥쪽으로 꽂는다.

7 이때 핀 끝 역시 솔기 사이로 나와야 한다.

8 이어 몸통 윗부분의 '돗바늘 마무리'한 가운데로 핀을 꽂는다.

9 왼손으로 머리, 와셔, 보드, 핀, 몸통 편물을 한꺼번에 꽉 잡고 안쪽이 보이도록 몸통을 뒤집는다.

10 핀에 디스크와 와셔를 끼운다.

11 롱노즈를 사용하여 핀의 양 끝을 밖으로 말면서 헐겁지 않게 꽉 조인다. 이때 핀은 길이가 긴 것부터 만다.

12 양쪽 다 구부린 모습.

13 머리와 몸통을 조인트로 연결한 안쪽 모습.

14 머리와 몸통을 조인트로 연결한 겉모습.

조인트로 팔과 다리 연결

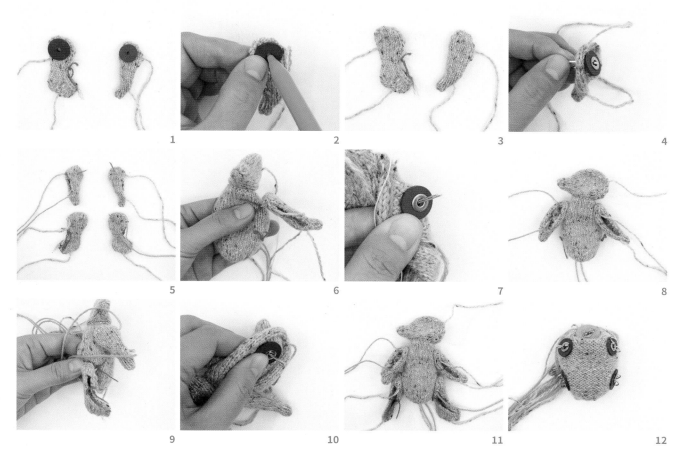

1   사진과 같이 다리, 팔에서 솔기 부분(2코)을 제외하고 사이즈를 재서 조인트의 사이즈를 구한다.
      모델(곰돌이)의 사이즈는 다리 15mm, 팔 12mm다.

2   디스크를 팔, 다리 위쪽에 놓고 구멍 난 곳(디스크 중심 부분)에 수성펜으로 표시한다.

3   다리와 팔에 표시한 모습.

4   디스크와 와셔를 겹쳐 핀을 꽂은 후, 수성펜으로 표시한 곳으로 핀 끝이 나오도록
      팔과 다리 안쪽에서 바깥쪽으로 꽂는다.

5   팔과 다리 모두 안쪽에 조인트를 넣는다. 사진처럼 편물을 배치했을 때 솔기 부분이 바깥쪽으로 놓이도록 작업한다.

6   몸통 차트도안을 참조해 팔 조인트 자리에 핀을 꽂는다.

7   왼손으로 팔, 와셔, 디스크, 핀, 몸통을 한꺼번에 꽉 잡고 안쪽이 보이도록 몸통을 뒤집는다.

8   '조인트로 머리와 몸통 연결' 10~11번과 같이 작업해 팔과 몸통을 조인트로 연결한다.

9   몸통 차트도안을 참조해 다리 조인트 자리에 핀을 꽂는다.

10   왼손으로 다리, 와셔, 디스크, 핀, 몸통을 한꺼번에 꽉 잡고 안쪽이 보이도록 몸통을 뒤집는다.

11   '조인트로 머리와 몸통 연결' 10~11번과 같이 작업해 다리와 몸통도 조인트로 연결한다.

12   몸통 안쪽에서 본 조인트 연결 모습.

3. 솜 넣기

머리

1   돗바늘에 꼬리실을 꿰어 코 만든 단 전까지 '메리야스 잇기'로 솔기를 잇는다. 남은 구멍은 창구멍이다.
2   겸자를 이용하여 창구멍으로 솜을 채워 넣는다. 솜의 양은 조금씩 조절해 편물 조직이 늘어나지 않는 정도까지
      넣는 것이 좋다.
3   주둥이 부분까지 솜이 잘 들어가도록 송곳을 넣어 솜이 뭉쳐 있는 부분을 살살 풀어준다.
      남은 실과 창구멍은 정리하지 않고 그대로 둔다.

몸통

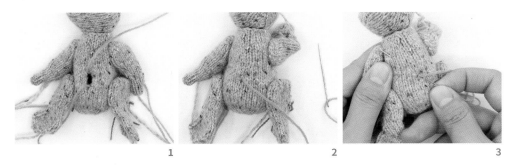

1   솔기 부분을 '메리야스 잇기'로 창구멍(2~3cm)만 남기고 잇는다.
2   '머리' 2번과 같은 방법으로 몸통에 솜을 넣고 창구멍은 '메리야스 잇기'로 막는다.
3   바늘을 몸통 멀리 통과시켜 당긴 다음 실을 매듭짓고, 한 번 더 바늘을 몸통 멀리 통과시킨 다음
      실을 잘라서 매듭이 몸 안으로 감춰지도록 정리하고, 송곳을 넣어 솜이 뭉친 부분을 살살 풀어준다.

팔과 다리

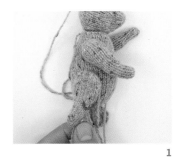

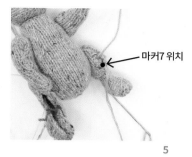

5

1 팔은 '몸통'과 같은 방법으로 솜을 넣고 마무리한다.
2 발바닥 코 만든 부분의 꼬리실을 돗바늘에 꿰고 바깥쪽 코를 반으로 접어 감침질로 꿰맨다.
3 다리의 솔기 부분은 코막음 부분(6단) 전까지 '메리야스 잇기'를 한다.
4 코막음 단(7~8단)은 '코와 코 잇기'를 한다.
5 나머지 솔기 부분은 메리야스 잇기로 '마커7' 위치까지 잇고, '몸통'과 같은 방법으로
   솜을 넣고 마무리한다.

마커7 위치

4. 눈 달기

1

2

3

4

5

6

1 차트도안을 참조해 머리에 '눈 위치'를 수성펜 또는 마커로
   표시한다. 인형마다 눈의 위치가 다르므로 반드시 차트도안을
   확인한다.
2 긴 돗바늘에 마감실(또는 끊어지지 않는 실)을 꿰어 매듭을
   크게 지은 다음 머리 창구멍에서 눈을 달 위치로 바늘을 빼낸다.
3 돗바늘에 단추 눈을 꿴다.
4 돗바늘이 나온 곳 한 단 아래로 돗바늘을 넣은 후 창구멍으로
   보낸다.
5 창구멍으로 나온 마감실을 당겨 눈이 움푹 들어가게 손으로
   누르고, 실을 잡아당겨 매듭을 지은 다음, 바늘이 나온 곳으로
   다시 바늘을 넣어 머리 멀리 통과시킨 후 실을 잘라 매듭을
   머리 안으로 감춘다.
6 반대편 눈도 2~5번과 같은 방법으로 단다.

5. 머리 창구멍 닫기

1

2

1 각 인형별 '조립하기' 설명을 참조해 얼굴 각 부분 스티치,
   귀, 꼬리 달기를 마친 다음,
   머리 뒷부분이 납작해지지 않도록 겸자를 사용하여
   창구멍으로 솜을 조금 더 넣는다.
2 '메리야스 잇기'를 하고 남겨둔 실을 돗바늘에 꿰어
   머리에서 먼 쪽으로 통과시켜 살짝 당긴 다음 매듭을 짓고,
   바늘이 나온 곳으로 다시 바늘을 찔러 넣어 머리 멀리
   통과시킨 다음 실을 잘라 매듭을 머리 안으로 감춘다.

3 코 만든 부분의 꼬리실을 돗바늘에 꿰어 '감침질하고 돗바늘로 마무리'(192쪽)한다.
4 실을 당겨 창구멍을 닫은 다음 **2**번과 같은 방법으로 마무리한다.

6. 수성펜 자국 지우기

1 티슈에 물을 묻힌 후 수성펜 자국을 꾹 눌러 티슈에 흡수시켜 지운다.
2 또는 수성펜 자국에 스프레이로 물을 분사한 다음 마른 티슈로 눌러 닦아낸다.

7. 기모 내기

1 머리는 기모 브러시나 반려동물용 브러시(끝이 뾰족한 것)로 중심에서 바깥 방향으로 살살 긁어 기모를 낸다.
2 몸통, 팔, 다리는 기모 브러시로 위에서 아래 방향으로 살살 긁어 기모를 낸다.
3 뾰족한 가위로 기모 길이를 고르게 다듬는다.
4 기모 내기 전의 모습.
5 기모 내기를 마친 모습.

8. 얼굴 생동감 표현

1　끝이 뾰족한 면봉에 K16번 패브릭 잉크를 묻혀 곰돌이 눈 테두리에 살살 바른다.
2　끝이 둥근 면봉에 133번 패브릭 잉크를 묻혀 곰돌이 양 볼에 살살 바른다.

9. 펠트용 바늘로 눈 라인 표현

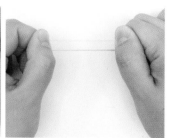

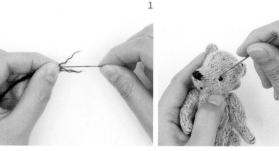

1　흰색 양모를 손끝으로 조금 잡아 뽑아낸다.
2　손가락으로 비벼 실처럼 가늘게 만든다.
3　양모 대신 흰색 울실(이로이로 실)을 써도 되는데,
　　이때는 한 올만 사용한다.
4　눈 테두리를 따라 양모나 울실을 펠트용 1구 바늘로 찔러
　　눈 라인을 넣는다.
5　가위로 여분의 실을 자른다.
6　자른 부위도 펠트용 바늘로 찔러 자연스럽게 정리한다.

일반코잡기
(CO)

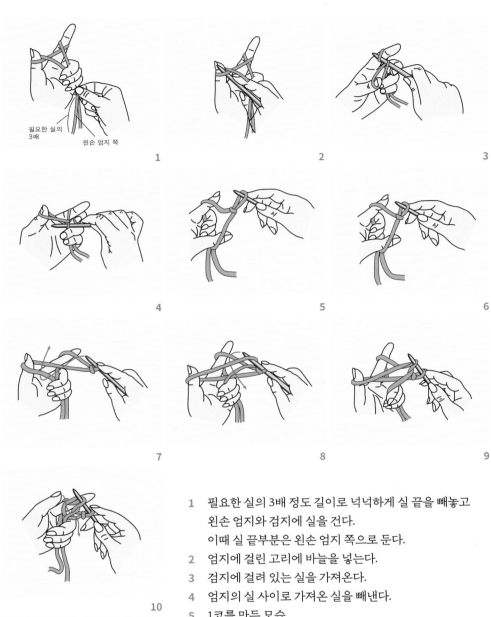

1   필요한 실의 3배 정도 길이로 넉넉하게 실 끝을 빼놓고
    왼손 엄지와 검지에 실을 건다.
    이때 실 끝부분은 왼손 엄지 쪽으로 둔다.

2   엄지에 걸린 고리에 바늘을 넣는다.

3   검지에 걸려 있는 실을 가져온다.

4   엄지의 실 사이로 가져온 실을 빼낸다.

5   1코를 만든 모습.

6   실을 당겨서 코가 느슨하지 않게 한다.

7   화살표 방향으로 바늘을 넣는다.

8   검지 쪽의 실을 걸어 화살표 방향으로 빼낸다.

9   실을 빼낸 다음 엄지와 검지로 실을 당긴다.

10 엄지를 화살표 방향으로 넣어 실을 건다.

11 검지에도 실을 걸고 2~6번 과정을 반복해서 원하는 콧수를 만든다.

겉뜨기
(k)

Ⅰ

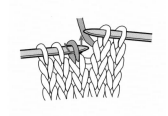
1

2

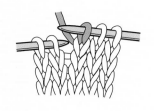
3

1 화살표 방향으로 오른쪽 바늘을 넣는다.
2 오른쪽 바늘 바깥쪽에서 안쪽으로 실을 감아 화살표 방향으로 빼낸다.
3 완성한 모습.

안뜨기
(p)

－

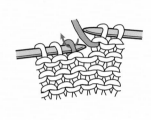
1

2

3

1 화살표 방향으로 오른쪽 바늘을 넣는다.
2 오른쪽 바늘 바깥쪽에서 안쪽으로 실을 감아 화살표 방향으로 빼낸다.
3 완성한 모습.

메리야스
뜨기
(St-st)

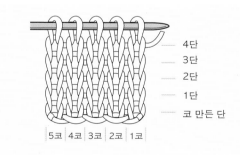
1

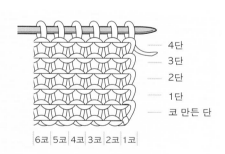
2

대바늘 뜨기의 가장 기본이 되는 조직으로 겉뜨기 한 단과 안뜨기 한 단을 번갈아 뜨는 것을 말한다.

1 '겉메리야스'는 겉면에서 본 메리야스조직을 말한다. 겉면에서는 겉뜨기로 뜬다.
2 '안메리야스'는 안쪽 면에서 본 메리야스조직을 말한다. 안쪽 면에서는 안뜨기로 뜬다.

가터뜨기
(g st)

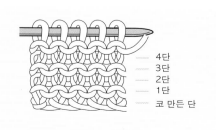

모든 단을 겉뜨기 또는
안뜨기로만 뜬다.

바늘비우기
(yo)

▢

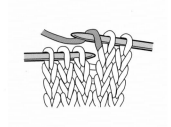 1

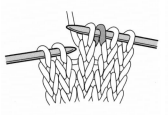 2

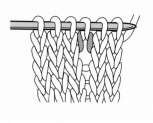 3

1   오른쪽 바늘에 실을 앞에서 뒤로 건다.
2   그렇게 실을 걸친 상태로 다음 코를 겉뜨기로 뜬다.
3   바늘비우기를 만들어 콧수가 1코 늘어난 단 위에 한 단을 뜬 모습.

아이코드
뜨기

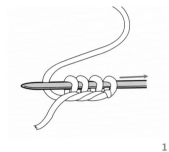 1

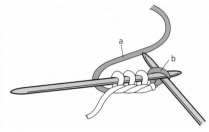

 2

4코 아이코드뜨기를 기준으로 설명한 것이다. 콧수가 다른 아이코드도 같은 방법으로 뜨면 된다.

1   일반코잡기로 4코를 잡은 후 코를 바늘 반대쪽 끝으로 밀어 이동시킨다.
2   a실을 가져와 첫코 b부터 겉뜨기 4코를 뜬다.
3   코를 바늘 반대쪽 끝으로 밀어 이동시킨 후 2번 과정을 반복한다. 원하는 길이만큼 같은 과정을 반복한다.

걸러뜨기

▢

① 겉뜨기에서 걸러뜨기 (sl 1k)

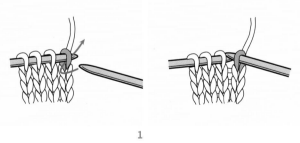

1   왼쪽 바늘에 걸려 있는 첫코를 뜨지
     않고, 겉뜨기 방향으로 빼내어 오른쪽
     바늘로 옮긴다.
2   완성한 모습.

1   2

② 안뜨기에서 걸러뜨기 (sl 1p)

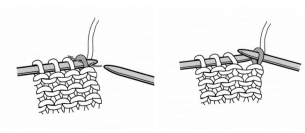

1   왼쪽 바늘에 걸려 있는 첫코를 뜨지
     안뜨기 방향으로 빼내어 오른쪽 바늘로
     옮긴다.
2   완성한 모습.

1   2

① 겉뜨기 꼬아뜨기 (k tbl) 🔲

1 2 3

1 왼쪽 바늘에 걸린 코의 뒤쪽 반코에 겉뜨기 방향으로 오른쪽 바늘을 넣는다.
2 오른쪽 바늘에 실을 걸어 화살표와 같이 앞으로 빼낸다.
3 완성한 모습.

② 안뜨기 꼬아뜨기 (p tbl) 🔲

1 2 3

1 왼쪽 바늘에 걸린 코의 뒤쪽 반코에 안뜨기 방향으로 오른쪽 바늘을 넣는다.
2 오른쪽 바늘에 실을 걸어 화살표와 같이 뒤로 빼낸다.
3 완성한 모습.

① 앞뒤로 늘리며 겉뜨기 (kfb) 🔲

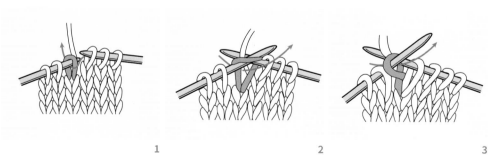

1 2 3

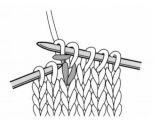

4

1 왼쪽 바늘의 코(a)에 겉뜨기 방향으로 오른쪽 바늘을 넣는다.
2 오른쪽 바늘에 실을 걸어 겉뜨기한다. 이때 a코는 왼쪽 바늘에
   그대로 둔다.
3 a코의 뒤쪽 반코에 오른쪽 바늘을 넣어 겉뜨기한다.
4 완성한 모습.

꼬아뜨기

늘리기

② 앞뒤로 늘리며 안뜨기 (pfb) ⌄

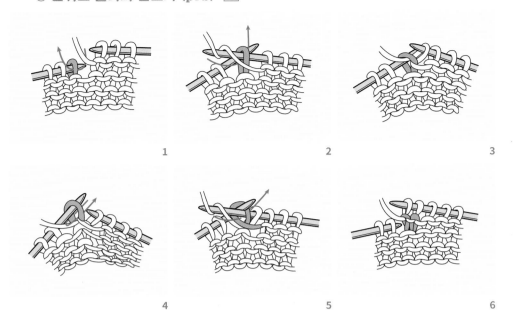

1 2 3

4 5 6

1 왼쪽 바늘의 코(a)에 화살표와 같이 안뜨기 방향으로 오른쪽 바늘을 넣는다.
2 오른쪽 바늘에 실을 걸어 안뜨기한다.
3 이때 a코는 왼쪽 바늘에 그대로 둔다.
4 a코의 뒤쪽 반코에 화살표와 같이 안뜨기 방향으로 오른쪽 바늘을 넣는다.
5 오른쪽 바늘에 실을 걸어 안뜨기한다.
6 완성한 모습.

③ 끌어올려 겉뜨기로 늘리기 (m1l) ℓ

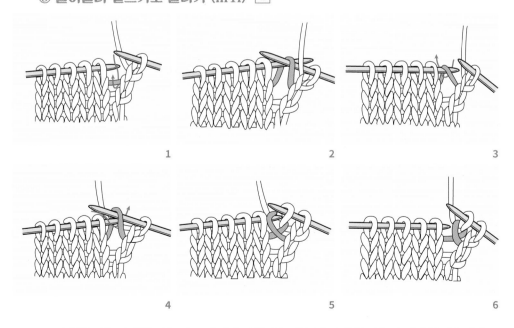

1 2 3

4 5 6

1 오른쪽 바늘과 왼쪽 바늘의 코 사이에 걸쳐 있는 실(a)을 오른쪽 바늘로 걸어 끌어올린다.
2 a를 왼쪽 바늘로 옮겨 건다.
3 a의 뒤쪽에 겉뜨기 방향으로 오른쪽 바늘을 넣는다.

4 오른쪽 바늘에 실을 걸어 겉뜨기하듯 화살표 방향으로 빼낸다.
5 왼쪽 바늘에서 a를 빼낸다.
6 완성한 모습.

④ 끌어올려 안뜨기로 늘리기 (m1pl)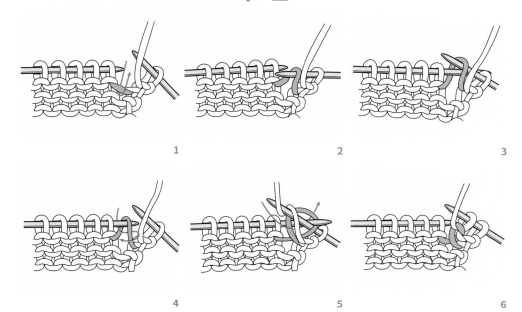

1 오른쪽 바늘과 왼쪽 바늘의 코 사이에 걸쳐 있는 실(a)에 오른쪽 바늘을 화살표 방향으로 넣는다.
2 오른쪽 바늘로 a를 끌어올린다.
3 a를 왼쪽 바늘로 옮겨 건다.
4 오른쪽 바늘을 뒤쪽에서 화살표 방향으로 넣어 왼쪽 바늘 앞쪽으로 보낸다. 이렇게 하면 코가 꼬인 모양이 된다.
5 실을 걸어 안뜨기하듯 화살표 방향으로 빼낸다.
6 완성한 모습.

⑤ 감아코 만들기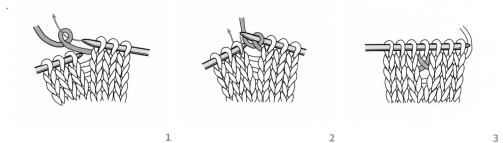

1 그림처럼 실을 고리 모양으로 만들어서 화살표 방향으로 오른쪽 바늘에 건다.
2 실을 당겨 감아코 1코를 만든 모습. 다음 코를 겉뜨기한다.
3 감아코를 만들어 콧수가 1코 늘어난 단 위에 한 단을 뜬 모습.

⑥ 겉뜨기하며 코 늘리기 🔽

 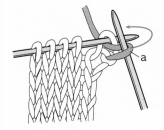 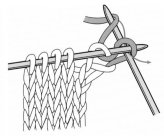

1   2   3

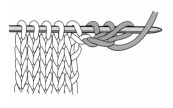

1   첫코를 겉뜨기(a)한다.
2   a를 왼쪽 바늘로 옮겨 건다.
3   a에 다시 오른쪽 바늘을 넣어 겉뜨기한다.
4   늘리고 싶은 콧수만큼 2~3번 과정을 반복한다.

4

⑦ 안뜨기하며 코 늘리기 🔽

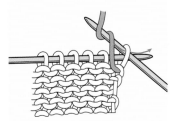 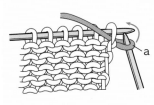 

1   2   3

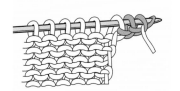

1   첫코를 안뜨기(a)한다.
2   a를 왼쪽 바늘로 옮겨 건다.
3   a에 다시 오른쪽 바늘을 넣어 안뜨기한다.
4   늘리고 싶은 콧수만큼 2~3번 과정을 반복한다.

4

줄이기

① 오른코 줄이기 (ssk) 🔽

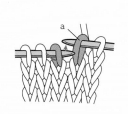 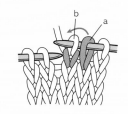 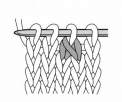

1   2   3

1   왼쪽의 코(a)를 뜨지 않고 오른쪽 바늘로 옮기고 그 다음 코를 겉뜨기한다.
2   a에 왼쪽 바늘을 걸어 b 위로 덮어씌운다.
3   완성한 모습.

② 2코 모아뜨기(겉뜨기로 왼코 줄이기) (k2tog) ⟨人⟩

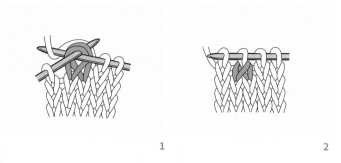

1   2

1   왼쪽 바늘의 2코에 오른쪽 바늘을 넣어 한꺼번에 겉뜨기한다.
2   완성한 모습.

③ 안뜨기로 오른코 줄이기 (ssp) ⟨人⟩

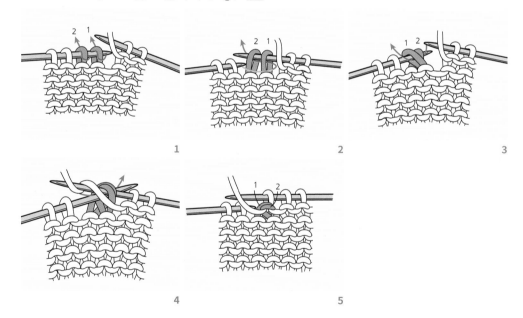

1   2   3

4   5

1   왼쪽 바늘의 1, 2번 코에 오른쪽 바늘을 화살표 방향으로 넣어 각각 옮긴다.
2   옮긴 코에 왼쪽 바늘을 화살표 방향으로 넣어서 다시 왼쪽 바늘로 옮긴다.
3   이렇게 하면 1, 2번 코의 순서가 바뀌는데, 이 상태에서 오른쪽 바늘을 안뜨기 방향으로 넣는다.
4   2코를 한꺼번에 안뜨기로 뜬다.
5   완성한 모습.

④ 안뜨기로 2코 모아뜨기(안뜨기로 왼코 줄이기) (p2tog) ⦣

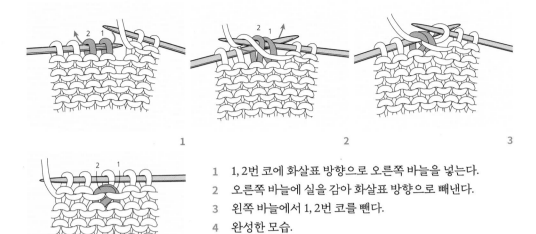

1

2

3

4

1 1, 2번 코에 화살표 방향으로 오른쪽 바늘을 넣는다.
2 오른쪽 바늘에 실을 감아 화살표 방향으로 빼낸다.
3 왼쪽 바늘에서 1, 2번 코를 뺀다.
4 완성한 모습.

⑤ 중심 3코 모아뜨기 (cdd) ⋏

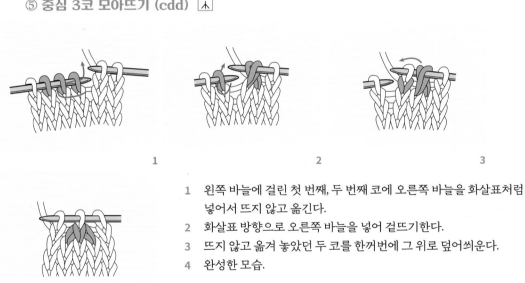

1

2

3

4

1 왼쪽 바늘에 걸린 첫 번째, 두 번째 코에 오른쪽 바늘을 화살표처럼
   넣어서 뜨지 않고 옮긴다.
2 화살표 방향으로 오른쪽 바늘을 넣어 겉뜨기한다.
3 뜨지 않고 옮겨 놓았던 두 코를 한꺼번에 그 위로 덮어씌운다.
4 완성한 모습.

① 메리야스 잇기

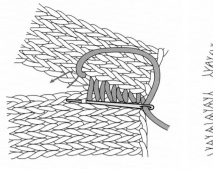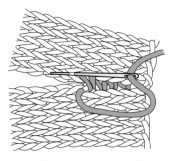

1   2

1 편물 2개를 겉쪽으로 나란히 놓고, 가장자리
   1코 안쪽의 옆실을 돗바늘로 한 단씩 교대로 뜨면서 잇는다.
2 꿰매는 실이 보이지 않게 당겨가면서 작업한다.

② 줄인 메리야스 잇기   ### ③ 늘린 메리야스 잇기

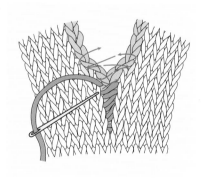   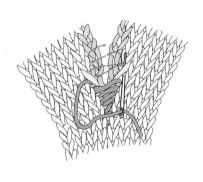

코 줄이기를 한 곳(분홍색으로 표시한 부분)은
코 사이(V 모양의 가운데)를 돗바늘로 한 단씩
교대로 뜨면서 잇는다.

코 늘리기를 한 곳(분홍색으로 표시한 부분)은
코 사이(V 모양의 가운데)를 돗바늘로 한 단씩
교대로 뜨면서 잇는다.

④ 코와 코 잇기

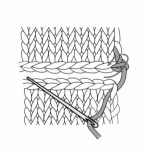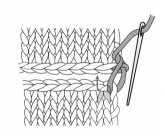

1   2

1 편물을 겉쪽으로 놓고 그림처럼 마주 댄 뒤, 위 편물의 꼬리실을 돗바늘에 꿰어 아래 편물 첫코의
   반코에 넣고 이어 위 편물 코 잡은 단 가장자리에 화살표와 같이 돗바늘을 넣는다.
2 이어 아래 편물 코(∧ 모양)에 화살표 방향으로 돗바늘을 넣는다. ('코와 코 잇기' 3~4번 뒷장으로
   이어짐)

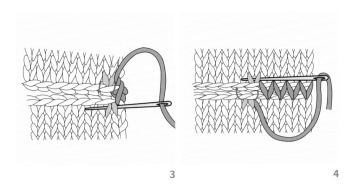

3 바늘을 넣은 모습. 이어 위 편물의
  코(∨ 모양)에 화살표 방향으로
  돗바늘을 넣는다.
4 이런 식으로 위 아래 코를 차례로
  뜨며 편물을 잇는다.

⑤ 단과 코 잇기

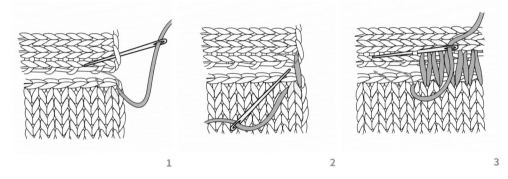

1 그림과 같이 편물을 겉쪽으로 놓고 아래 편물 꼬리실을 돗바늘에 꿴 다음,
  위쪽 편물 코잡은 단의 시작 부분에 바늘을 넣고 이어 아래 편물 첫코의 중간으로
  바늘을 넣어 둘째 코의 중간으로 빼낸다.
2 이어서 화살표와 같이 위쪽 편물 가장자리 옆실에 돗바늘을 넣은 다음 아래 편물 둘째 코
  중간으로 바늘을 넣어 셋째 코 중간으로 빼낸다.
3 이런 방식으로 두 편물을 이어나간다. 단수가 콧수보다 많을 때는 2단과 1코, 1단과 1코를
  섞어 이으며 조절한다. 꿰매는 실이 보이지 않게 당겨가면서 작업한다.

⑥ 덮어씌워 잇기

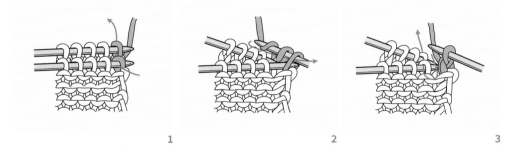

1 떠 놓은 편물 2개의 겉과 겉을 맞대고, 두 바늘의 첫코에 한꺼번에 겉뜨기 방향으로 바늘을 넣는다.
2 바늘에 실을 감아서 빼낸다.
3 1~2번 과정을 한 번 더 반복해 다음 코를 뜬다.

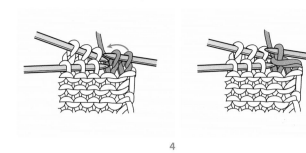

4 먼저 뜬 코를 나중에 뜬 코 위로
　덮어씌운다.
5 덮어씌운 모습. 3~4번 과정을
　끝까지 반복한다.

⑦ 가터 잇기

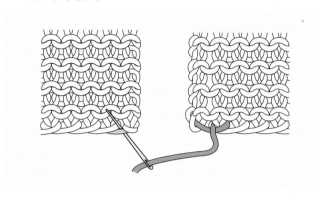

1

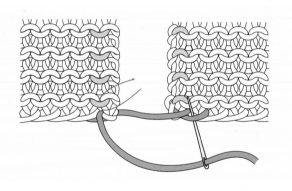

2

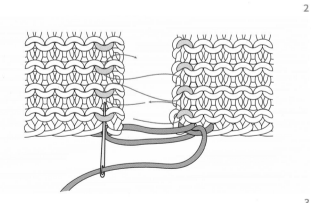

3

1　그림과 같이 가터뜨기한 편물을 겉쪽으로 나란히 놓고, 오른쪽 꼬리실에 돗바늘을 꿴 다음
　　왼쪽 편물의 시작코에 돗바늘을 넣는다.
2　이어 오른쪽 시작코에 돗바늘을 넣고, 왼쪽 1코 안쪽의 가로실에 화살표 방향으로
　　돗바늘을 넣는다.
3　이어 오른쪽 반코 안쪽의 가로실에 화살표 방향으로 돗바늘을 넣는다.
　　이런 식으로 반복하며 연결한다.

① 목둘레 코줍기 (k-up)

※빨간점 찍은 부분이 목둘레에서 코를 줍는 위치이다. 코를 주울 때는 좌우의 코줍기 수를 동일하게 맞춘다.

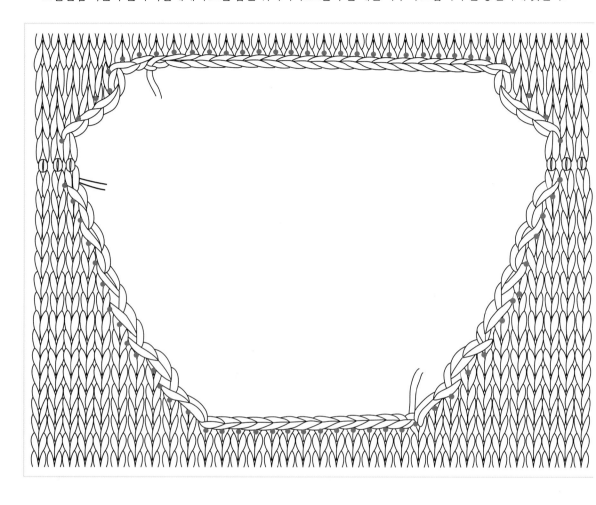

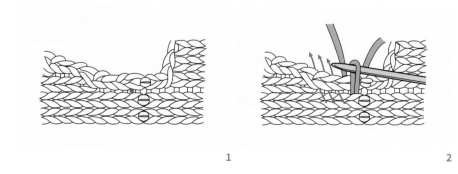

1   2

1   몸판의 겉면을 위로 놓고, 어깨의 이은 부분(빨간 점으로 표시한 부분)부터 코줍기를 시작한다.
2   겉뜨기 방향으로 바늘을 넣어 실을 걸어 빼내 첫코를 줍는다. 이어 계속해서 한 코 안쪽의 단
      구멍마다(화살표 참조) 겉뜨기 방향으로 바늘을 넣어 실을 걸면서 코를 빼낸다.

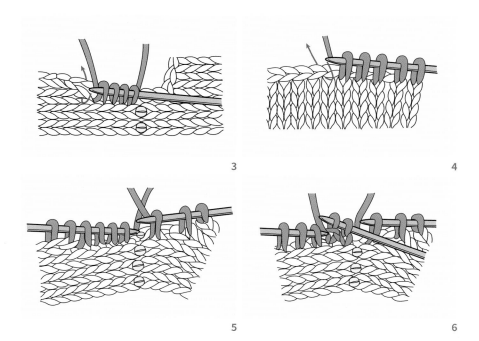

3

4

5

6

3 코 줄임이 있는 부분에서는 아래쪽 코 중앙 부분에 바늘을 넣어 코를 줍는다.
4 중앙의 덮어씌운 부분에서는 1코에 1코씩 코 안쪽으로 바늘을 넣어 코를 줍는다.
5 처음 부분까지 돌아오면 코줍기가 끝난다.
6 2단부터는 도안의 뜨기 기호에 따라 '원형뜨기'로 뜬다.

② 세로단 코줍기

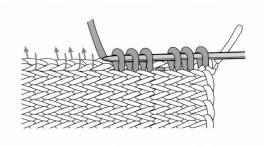

첫 번째 코와 두 번째 코 사이에 겉뜨기 방향으로 바늘을 넣어 실을 걸면서 코를 빼낸다.
이때 모든 단에서 코를 주우면 편물이 늘어날 수 있으므로 3코 줍고 한 칸 건너뛰고, 또 3코 줍고 한 칸 건너뛰는 식으로 코를 줍는다.

코막음

① 겉뜨기로 (덮어씌워) 코막음 ▪

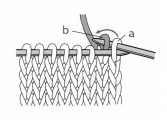

1

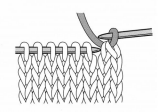

2

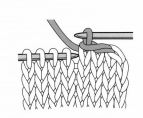

3

1 겉뜨기로 2코(a, b)를 뜬 후, 왼쪽 바늘로 a코를 b코 위로 덮어씌운다.
2 1코를 덮어씌운 모습.
3 1코씩 겉뜨기하며 덮어씌우기를 반복한다.

② 안뜨기로 (덮어씌워) 코막음 ⚫

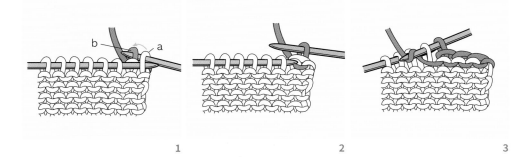

1 안뜨기로 2코(a, b)를 뜬 후, 왼쪽 바늘로 a코를 b코 위로 덮어씌운다.

2 1코를 덮어씌운 모습.

3 1코씩 안뜨기하며 덮어씌우기를 반복한다.

③ 고무단 덮어씌워 코막음

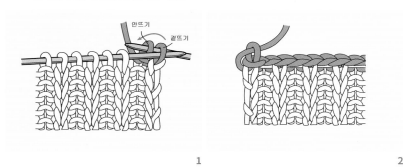

1 바늘에 걸린 코의 모양을 보고 작업을 한다. 그림은 겉뜨기 1코, 안뜨기 1코 고무단이므로,
첫코는 겉뜨기로 뜨고, 두 번째 코는 안뜨기로 뜬 후, 왼쪽 바늘로 겉뜨기 코를
안뜨기 코 위로 덮어씌운다.

2 위의 과정을 반복하여 끝까지 덮어씌우기를 하고 마지막에 남은 코로 실을 빼낸다.

기법 설명 찾아보기